세상에서 가장 쉬운

양자역학
수업

세상에서 가장 쉬운 양자역학 수업

1판 1쇄 발행 | 2018년 5월 22일
1판 7쇄 발행 | 2024년 6월 21일

지은이 | 리먀오
옮긴이 | 고보혜

발행인 | 김기중
주간 | 신선영
마케팅 | 김신정, 김보미
펴낸곳 | 도서출판 더숲
주소 | 서울시 마포구 동교로 43-1 (04018)
전화 | 02-3141-8301
팩스 | 02-3141-8303
이메일 | info@theforestbook.co.kr
페이스북 | @forestbookwithu
인스타그램 | @theforest_book
출판신고 | 2009년 3월 30일 제2009-000062호

ISBN | 979-11-86900-52-9 (03420)

이 도서의 국립중앙도서관 출판예정도서목록(CIP)은 서지정보유통지원시스템 홈페이지(http://seoji.nl.go.kr)와
국가자료공동목록시스템(http://www.nl.go.kr/kolisnet)에서 이용하실 수 있습니다.
(CIP제어번호: CIP2018014108)

세상에서 가장 쉬운 양자역학 수업

마원의 과학 스승 리먀오 교수의
재미있는 양자역학 이야기

리먀오 지음 | 고보혜 옮김

더숲

양자역학을 아는 사람과
모르는 사람의 차이는
양자역학을 모르는 사람과
원숭이의 차이보다 크다.

―머리 겔만 Murray Gell-Mann

CONTENTS

1

양자의
세계는
어떤 모습일까?

제1강

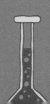

　페이스북 설립자인 마크 저커버그가 딸에게 양자역학에 관한 책을 읽어주는 사진을 본 사람이 있을 것이다. 저커버그는 중국 칭화대학 경영대학원에서 강연하며, 양자역학 공부가 자신의 사고방식에 매우 큰 영향을 미쳤다고 이야기했다. 그러자 칭화대학 경영대학원의 첸잉이錢穎一 대학원장은 양자역학을 대학원의 정식 과정으로 추가하겠다고 그 자리에서 밝혔다고 한다.

　아마 몇몇 독자들은 호기심에 차 물을지 모른다. 양자역학이 뭐예요? 양자역학의 세계는 어떤 세계인가요? 자, 이제 여러분을 양자의 세계로 초대한다.

　신비한 양자 세계로 여행을 떠나기 전에 먼저 고전 물리학의 세계를 돌아보자. 고전 물리학의 세계는 우리가 일상생활을 하는 세계를 가르킨다. 20세기 이전의 고전 세계에 대한 인식은 아이작 뉴턴Isaac Newton으로부터 비롯되었다. 그는 인류 역사상 가장 위대한 두 명의 과학자 중 한 사람이다.

뉴턴의 유년 시절은 무척 비참했다. 그는 영국의 작은 마을에서 태어났는데, 태어나기 3개월 전에 아버지가 세상을 떠났다. 그가

아이작 뉴턴(1642~1727)
만유인력의 법칙을 발견했고, 뉴턴의 운동법칙을
통해 고전역학(뉴턴역학)의 기초를 정립했다.

3세쯤 되자 어머니는 재혼했고, 그는 외할머니의 손에서 자라야 했다. 뉴턴은 어머니가 자신을 버린 것을 원망하며 계부의 집에 불을 지르려 하기도 했다. 10세가 되었을 때 계부마저 세상을 떠나자 그는 어머니와 같이 살 수 있게 되었다. 하지만 16세가 되자 어머니는 그에게 학업을 그만두고 집안일을 도우라고 했다. 다행히 인재를 알아본 교장이 뉴턴의 집까지 찾아와, 이렇게 명석한 학생이 학업을 포기하는 것은 매우 애석한 일이라고 어머니를 설득했다. 뉴턴의 외삼촌까지 나서서 경제적으로 돕기로 약속했고, 마침내 뉴턴은 학교로 돌아갈 수 있었다. 우리는 이 훌륭한 교장에게 감사해야 한다. 만약 그가 없었다면 뉴턴은 평생 밭을 갈며 살았을지도 모른다.

뉴턴은 18세 때 케임브리지대학 트리니티 칼리지에 합격했다. 이 대학은 세계적으로 가장 유명한 대학 중 한 곳이다. 전 세계에서 그 권위를 인정받고 있는 노벨상의 경우, 케임브리지대학 트리니티 칼리지가 지금까지 배출한 노벨상 수상자는 모두 32명이다. 아시아 전체 48개국의 40억이 넘는 인구 중 노벨상 수상자가 30명이 채 되지 않는 점을 감안하면 놀라운 수치다. 하지만 트리니티 칼리지의 명성이 높은 이유는 단지 노벨상 수상자를 많이 배출했기 때문만은 아니다. 이곳이 유명한 진짜 이유는 바로 뉴턴이 수학

한 곳이기 때문이다.

당시 22세였던 뉴턴이 케임브리지대학을 졸업하던 해 영국에서 페스트가 유행했다. 학교는 휴교령을 내렸고 뉴턴은 집으로 돌아와야 했다. 전염병을 피해 농장에서 지내던 2년 동안 그는 이후 수백 년에 걸쳐 영향을 미친 세 가지 위대한 발견을 했다. 미적분, 분광학 그리고 만유인력의 발견이다.

뉴턴이 이러한 기적을 만들 수 있었던 것은 그가 대단한 노력파였기 때문이다. 한번은 뉴턴이 친구를 집으로 초대하고는 잠도 자지 않고 식사도 거르며 서재에서 연구에만 몰두했다. 친구는 아무리 기다려도 뉴턴이 나오지 않자 혼자서 닭 한 마리를 잡아먹고는 식탁 위에 닭 뼈만 수북이 쌓아놓고 돌아갔다. 서재에서 나온 뉴턴은 식탁 위의 닭 뼈를 보고 "밥을 안 먹은 줄 알았는데, 이미 먹었군…"이라고 말하고는 다시 서재로 들어갔다고 한다.

2년 후 뉴턴은 케임브리지대학으로 돌아왔고, 26세에 제2대 루카스 수학 석좌교수에 올랐다. 그 후 뉴턴의 인생은 순조롭게 풀렸다. 29세에는 영국 왕립학회 회원이 되었고, 46세에는 국회의원으로 선출되었다. 56세에 영국 왕립 조폐국장으로 취임했으며, 60세에는 영국 왕립학회 회장이 되었다. 뉴턴은 역사상 최초로 작위를 받은 과학자다. 또한 장례가 국장國葬으로 치러진 최초의 과학자이

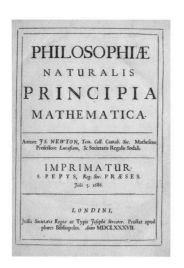

『자연철학의 수학적 원리』(1687)

아이작 뉴턴의 저작으로 총 3권으로 구성되어 있다. 고전역학의 바탕이 되는 뉴턴의 운동법칙과 만유인력의 법칙을 설명하고 있다.

기도 하다. 그가 세상을 떠난 뒤 한 시인은 이러한 시를 바쳤다. "자연과 자연의 법칙은 밤의 어둠 속에 감추어져 있었다. 하느님께서 '뉴턴이 있으라'라고 하시자 온 세상이 밝아졌다."

뉴턴은 어떻게 이렇게 큰 명예를 얻었을까? 바로 위대한 저서인 『자연철학의 수학적 원리Philosophiae Naturalis Principia Mathematica』(일명 『프린키피아』) 덕분이다. 위 그림은 바로 이 책의 초판 표지다.

이 책에서 뉴턴은 고전역학 또는 뉴턴역학이라는 완전히 새로운 학문을 창조했다. 핵심 내용은 뉴턴의 세 가지 법칙과 만유인력의 법칙이다.

뉴턴의 운동 제1법칙은 만약 외력外力이 없다면 물체는 원래의 운동 상태를 계속 유지할 수 있다는 것이다. 이 책을 읽는 독자들도 다음과 비슷한 경험이 있을 것이다. 집에서 한창 게임을 즐기고 있는데 엄마가 갑자기 밖에 나가서 운동하라고 한다면 나가고 싶지 않은 게 당연하다. 또 밖에서 신나게 놀고 있는데 엄마가 갑자기 집에 와서 밥을 먹으라고 하면 달가울 리 없다. 이와 비슷하다. 하나의 정지된 물체를 밀지 않으면 물체는 계속 움직이지 않는다. 진공 상태에서 운동하는 물체를 막지 않는다면 그 물체는 정지하지 않는다. 물리학에서 물체가 원래의 운동 상태를 유지하려고 하는 특성을 관성慣性이라고 한다. 따라서 뉴턴의 제1법칙은 관성의 법칙이라고도 부른다.

뉴턴의 운동 제2법칙은 힘이 물체의 운동 속도를 변화시킬 수 있다는 것이다. 정지된 물체가 하나 있다고 가정해보자. 이 물체를 밀면 물체는 움직인다. 반대로, 운동하는 물체를 손으로 잡으면 물체는 정지한다. 여기서 핵심은 물체의 질량이 클수록 운동 상태를 변화시키려면 더 큰 힘을 들여야 한다는 사실이다. 예를 들어 장난감 자동차가 여러분을 향해 달려온다고 하자. 자동차를 멈추고 싶다면 손을 뻗어 자동차를 잡으면 그만이다. 하지만 장난감 자동차가 아니라 진짜 트럭이 달려오면 어떨까? 슈퍼맨이라면 모를까, 진짜 트럭을 멈추게 할 수는 없다.

뉴턴의 제2법칙은 게으름뱅이 법칙이라고 볼 수 있다. 게으른 사람일수록 타성이 크므로 변화시키기 어렵다. 마찬가지로 물체의 질량이 클수록 타성, 즉 관성이 크므로 변화시키기가 더욱 어렵다.

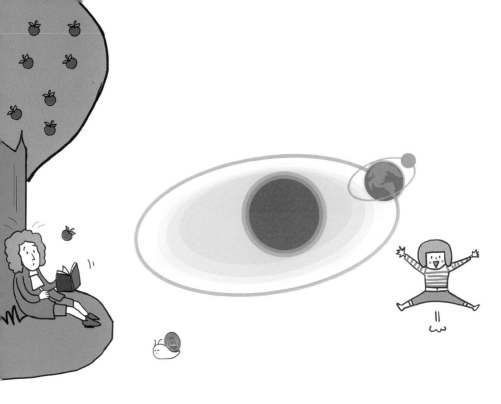

　뉴턴의 운동 제3법칙은 물체에 힘이 작용하면 그 물체 또한 크기가 같고 방향이 반대인 반작용의 힘을 가하게 된다는 것이다. 공놀이를 예로 들어보자. 손으로 공을 세게 치면 손이 아프게 된다. 공을 쳤을 때 손이 공에 힘을 가했고, 또 공이 반대로 손에 같은 크기의 반작용의 힘을 가했기 때문이다. 공을 세게 칠수록 손이 더욱 아픈 이유는 공이 손에 일으키는 반작용의 힘도 함께 커져서다.

　뉴턴은 이 세 가지 운동법칙 외에 힘에 관한 새로운 법칙을 발견했는데, 바로 만유인력의 법칙이다. 질량이 있는 두 물체의 사이에는 서로 끌어당기는 힘이 존재한다. 그 크기와 물체의 질량의 곱은 서로 비례하며 두 물체의 거리의 제곱에 반비례한다. 이 힘은 온 우주에 존재한다. 잘 익은 사과가 나무에서 떨어지는 현상이 바로 이러한 힘에서 비롯된 것이다. 달이 지구를 돌고 행성이 태양을 도는 것 역시 이 같은 힘이 작용해서다. 이처럼 우주 어느 곳에나 존재하는 서로 끌어당기는 힘을 만유인력萬有引力이라고 한다.

만유인력의 법칙은 매우 간단하지만 그렇다고 우습게 보면 안 된다. 우리는 이 법칙으로 태양이 언제 동쪽에서 떠오를지, 달이 언제 차오르고 언제 기울지를 예측할 수 있다. 게다가 분, 초 심지어 더 짧은 시간까지도 정확히 짐작할 수 있다. 거시적 세계, 그러니까 우리가 일상생활을 하는 세계에서 크게는 해, 달, 별에서 강, 호수, 바다를 거쳐 곡식이나 소금처럼 작은 것까지 모두 뉴턴이 발견한 만유인력의 법칙으로 정확하게 설명할 수 있다.

뉴턴역학의 성공으로 20세기 이전 과학자들은 운동에 관한 뉴턴의 세 법칙과 만유인력의 법칙이 우주 전체를 지배하는 궁극의 진리라고 믿었다. 대표적인 인물이 바로 프랑스의 유명한 수학자이자 물리학자인 피에르 시몽 라플라스Pierre Simon Laplace다.

라플라스는 18세 때 유명한 과학자인 장 르 롱 달랑베르Jean Le

Rond d'Alembert를 만나기 위해 추천서 한 통을 들고 파리에 왔다. 하지만 달랑베르는 라플라스를 풋내기 어린아이로 취급하며 문전박대했다. 집으로 돌아온 라플라스는 자신이 쓴 논문 한 편을 달랑베르에게 보냈다. 논문을 본 달랑베르의 태도는 180도 바뀌었다. 즉시 라플라스를 찾아간 것은 물론이고 그의 대부가 되겠다고 자청했으며 나중에는 그를 사관학교 교수로 추천했다. 여러분이 충분

피에르 시몽 라플라스(1747~1827)

태양계의 천체운동을 수학적으로 설명한 수학자이자 천문학자로, 그의 저서 『천체역학』은 뉴턴의 『자연철학의 수학적 원리』와 비견할 명저로 평가받는다.

히 우수하다면 스스로가 가장 훌륭한 추천인이 될 수 있다는 사실을 명심하기 바란다.

라플라스는 사관학교에서 어느 키 작은 학생과 특별한 연을 맺었다. 바로 훗날 유럽 전체에 위엄을 떨친 나폴레옹이었다. 나폴레옹이 프랑스 권력의 꼭대기까지 장악하면서 라플라스도 출셋길을 달렸다. 황제가 된 나폴레옹은 라플라스에게 지금의 경찰청장에 해당하는 프랑스 내무부 장관직을 맡기기도 했다. 안타깝게도 라플라스는 과학에는 재능이 있었지만 나랏일에는 전혀 맞지 않았다. 그는 내무부 장관 자리에 겨우 6주 머물렀다. 도저히 그냥 두고 볼 수 없던 나폴레옹이 결국 그를 해임했기 때문이다.

라플라스는 뉴턴역학의 충실한 신도였다. 그는 우주의 현재 상태를 과거의 결과와 미래의 원인으로 봐야 한다고 주장했다. 만약 한 현자가 어떤 시각의 모든 힘과 물체의 운동 상태를 알고 있다면, 미래는 과거와 동일하게 현재에 나타난다는 것이다. 여기서 라플라스가 말하는 전지전능한 현자를 이후 사람들은 '라플라스의 악마Laplace's demon'라고 부른다. 이러한 인식은 뉴턴역학을 미래를 결정하는 관점으로 여겨 결정론이라고 불렸고, 20세기 이전까지 학술계에서 주류를 이루었다.

결정론이 얼마나 성행했는지에 관한 가장 좋은 예는 라플라스

본인의 이야기다. 그는 뉴턴역학을 이용해 태양계 모든 행성의 운동을 계산했고, 『천체역학Celestial Mechanics』이라는 책을 써 황제에 즉위한 나폴레옹에게 바쳤다. 나폴레옹은 『천체역학』을 읽은 후 "이 책은 전부 하늘에 관한 이야기군. 그런데 왜 하느님에 대한 언급은 없는가?"라고 물었다. 그러자 라플라스는 "폐하, 저의 이론에는 가상의 하느님은 존재할 필요가 없습니다"라고 답했다고 한다.

하지만 20세기 이후 과학자들은 뉴턴역학이 우리 일상생활의 거시적 세계에만 적용되며, 아주 작은 척도가 필요한 미시적 세계에서는 통하지 않는다는 사실을 발견했다.

간단한 사고 실험을 해보자. 여기 돌이 하나 있다. 돌을 망치로 부수면 작은 돌멩이가 된다. 이 돌멩이를 더 부수면 더 작은 돌멩이가 된다. 이렇게 자꾸 부수면 마지막에는 아무리 부수려 해도 더 이상 갈라지지 않는 가장 작은 돌멩이가 되는데, 이것을 '원자'라고 한다.

원자의 개념은 고대 그리스인이 2천여 년 전에 이미 제기했다. 하지만 당시의 원자는 완전히 철학적인 개념이었다. 원자의 개념을 과학적으로 처음 설명한 사람은 오스트리아의 유명한 물리학자 루트비히 볼츠만Ludwig Boltzmann이다.

볼츠만에 관해서는 재미있는 일화가 있다. 그는 괴짜 선생님이

루트비히 볼츠만(1844~1906)
최초로 통계역학의 기초를 다진 이론물리학자로
알려져 있다.

었는데, 수업을 할 때면 칠판에 필기하는 것을 싫어해 그저 쉬지
않고 계속 말로만 설명했다고 한다. 하루는 한 학생이 "선생님, 칠
판에 공식을 써주세요. 설명만 하고 쓰지 않으셔서 머릿속에 들어
오지 않아요"라고 볼멘소리를 하자 볼츠만은 뜻밖에 흔쾌히 응했
다고 한다. 하지만 다음 날 수업이 시작되자 그는 또다시 계속 설
명만 하다가 마지막으로 "여러분, 보십시오. 1 더하기 1은 2만큼이
나 간단하죠?"라고 말했다. 그때 갑자기 지난 수업시간 학생들과

볼츠만

의 약속이 떠오른 그는 칠판에 '1+1=2'를 또박또박 썼다고 한다.

볼츠만은 줄곧 이 세상은 원자로 구성되었다고 굳게 믿었으며, 이를 기초로 통계역학이라는 학문을 창시했다. 하지만 당시에는 원자론을 믿는 사람이 거의 없던 탓에 학술적으로 볼츠만에 반대하는 사람이 많았다. 이들은 항상 원자론을 공격했고 심지어 볼츠만에 대해 '무기력하게 시대의 흐름에 항의하는 사람'이라고 공격했다. 볼츠만은 이런 현실에 고통스러워했다.

볼츠만이 홀로 고독한 싸움을 한 것은 아니었다. 한 젊은 독일 과학자가 그의 편에 섰지만 자만한 볼츠만은 자신을 지지해준 독일인을 보잘것없는 사람이라 여기고 업신여겼다. 놀랍게도 이 독일 과학자는 훗날 '양자론의 아버지'라고 불린 막스 플랑크Max Planck였다.

현재는 원자가 분명히 존재한다고 증명되었다. 원자는 크기가 매우 작아 1미터의 100억 분의 1밖에 되지 않는다. 지구의 모든 사람이 원자만큼 작아진다고 가정해보자. 작아진 사람들을 모두 모아 쌓아도 키가 1미터가 채 되지 않는다. 그 정도로 작다는 뜻이다. 하지만 원자도 가장 기본적인 입자는 아니다. 원자 내부의 중심에는 양전기를 띤 원자핵이 있다. 원자핵의 크기는 원자의 10만 분의 1이다. 원자핵의 바깥 면에는 음전기를 띤 전자가 있는데 이것의

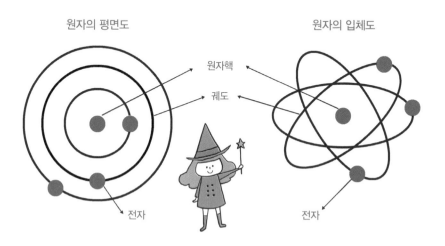

원자의 평면도   원자의 입체도

원자핵

궤도

전자   전자

크기는 더 작다.

앞에서 언급했듯 세상의 모든 물질은 원자로 구성되어 있다. 원자 외에도 자주 볼 수 있는 것이 있는데, 바로 빛이다. 과학자들은 19세기에 이미 빛이 빛의 속도로 전파되는 파동이라는 사실을 발견했다. 그렇다면 파동이란 무엇일까? 파동은 어떤 물건이 전파하는 과정에서 진동하는 현상을 말한다. 예를 들어 물결은 물이 진동하여 생긴 파동이고, 음파는 공기가 진동하여 생긴 파동이다. 파동 역시 에너지가 있는데, 주파수가 높을수록 또는 파장이 짧을수록

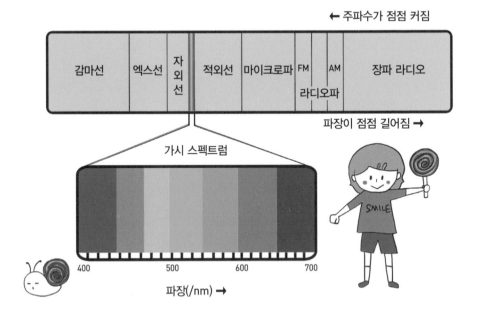

← 주파수가 점점 커짐

| 감마선 | 엑스선 | 자외선 | 적외선 | 마이크로파 | FM | | AM | 장파 라디오 |

라디오파

파장이 점점 길어짐 →

가시 스펙트럼

SMILE

400   500   600   700

파장(/nm) →

에너지가 더 높다.

왼쪽의 그림처럼 가운데 색깔이 있는 부분이 눈으로 볼 수 있는 빛이다. 이 빛을 가시광선이라고 한다. 비가 온 후 종종 빨·주·노·초·파·남·보의 아름다운 무지개가 나타나고는 한다. 가시광선의 주파수 범위는 빨간색 빛과 보라색 빛의 중간에 있다. 그중 빨간색 빛의 주파수가 가장 낮고 파장이 가장 길며 에너지는 가장 낮다. 반면 보라색 빛의 주파수는 가장 높고 파장은 가장 짧으며 에너지는 가장 높다.

빨간색 빛보다 에너지가 더 낮은 것은 적외선인데, 적외선을 이용하면 야간 관측기나 TV, 에어컨 등의 리모컨을 만들 수 있다. 적외선보다 에너지가 더 낮은 것은 마이크로파라고 한다. 이 마이크로파는 물체를 가열하는 데 사용할 수 있다. 가정에서 사용하는 전자레인지는 바로 마이크로파 에너지를 이용하여 음식을 가열한다. 마이크로파보다 에너지가 더 낮은 것은 라디오파로, TV 방송, 휴대폰, 무선 네트워크 신호 등은 라디오파를 통해 전파한다.

앞에서 이야기한 빛들은 비교적 에너지가 낮다. 지금부터 설명하려는 빛들은 에너지가 높은 것들이다. 보라색 빛보다 에너지가 더 높은 빛은 자외선이다. 야외에서 오랫동안 햇볕을 쬐면 피부가 검게 그을린다. 이때 피부를 타게 하는 빛이 바로 자외선이다. 자외선보다 에너지가 높은 빛은 엑스χ선이다. 엑스선은 침투 능력이 매우 강하므로 병원에서 엑스레이 촬영을 할 때 사용한다. 엑스선보다 에너지가 더 높은 빛은 감마γ선이다. 감마선은 에너지가 매우 높기 때문에 특별한 수술용 칼로 개발하여 일부 환자의 수술에 사용하기도 한다.

앞서 말했듯 과학자들은 19세기에 이미 빛은 빛의 속도로 전파되는 파동이라는 사실을 발견했다. 1900년 플랑크가 그보다 더 놀라운 발견을 했다. 물체의 열복사에서 방출한 빛은 그 에너지가 연속되지 않는다는 사실이다. 그 크기는 빛의 주파수에 아주 작은 상수, 즉 플랑크상수를 곱한 것과 같다. 우리가 말하는 '양자화'는 사실 이러한 물리량 자체가 연속되지 않는 이산적離散的인 특징을 말한다. 다시 말해 양자 세계에서 물리량은 항상 최솟값이 존재하며, 고전 세계처럼 바로 0이 되지 않는다. 이 위대한 발견은 양자 세계로 가는 문을 활짝 열었다. 플랑크는 이를 계기로 1918년 노벨 물리학상을 수상했다.

플랑크와 관련된 재미있는 이야기가 있다. 플랑크가 노벨상을 받은 후 여러 대학에서 그에게 강연 요청을 했다. 강연이 반복되고 내용이 같았던 탓에 시간이 지나자 그의 운전기사까지도 강연 내용을 설명할 수 있을 정도가 되었다. 한번은 운전기사가 "박사님의 강연 내용을 모두 외울 정도예요. 다음에는 아예 제가 강연해도 되 겠어요"라고 우스갯소리를 했는데, 뜻밖에 플랑크는 그러자고 했 다. 실제로 다음 강연에 운전기사가 플랑크를 대신하여 강단에 섰 고 무사히 강연을 마쳤다. 하지만 강연 후 질의응답 시간에 한 청 중이 기술적인 문제를 제기하자 운전기사는 난감해졌다. 다행히 임기응변이 능했던 운전기사가 "이 문제는 매우 간단합니다. 이 자

막스 플랑크(1858~1947)

양자론의 창시자. 열역학 연구에서 출발해 양자역 학적 성질을 결정하는 기본 상수인 플랑크상수를 발견하여 양자역학의 길을 열었다. 그 공로로 노벨 물리학상을 받았다.

리에 있는 제 운전기사도 대답할 수 있을 정도죠. 제 운전기사가 설명해줄 것입니다"라고 말했고, 강단 아래에 앉아 있던 플랑크가 올라와 설명하면서 별 탈 없이 마무리되었다고 한다.

1905년 인류는 알베르트 아인슈타인Albert Einstein을 통해 양자 세계를 이해하는 길에서 크게 나아갔다. 아인슈타인은 빛은 사실

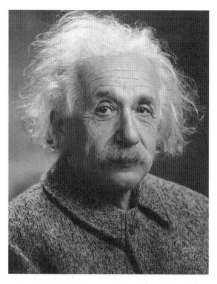

알베르트 아인슈타인(1879~1955)

특수상대성이론, 브라운 운동 그리고 광전효과를 발견하며 근대물리학 발전에 중요한 역할을 했다. 특히 광전효과를 발견한 업적을 인정받아 노벨 물리학상을 수상했다.

일종의 입자이며 이를 광자라 한다고 주장했다.

인류 역사상 가장 위대하다고 손꼽히는 과학자 두 사람이 있다. 한 사람은 뉴턴이고, 다른 한 사람은 바로 아인슈타인이다. 아인슈타인의 유년 시절은 뉴턴과 비슷하게 그리 순조롭지 못했다. 아인슈타인은 독일의 유대인 가정에서 태어났다. 그는 독일 군대에 복역하지 않기 위해 스위스로 건너가 다시 공부하고자 취리히 연방 공과대학에 응시했지만 낙방했다. 다음 해에야 대학에 합격할 수 있었다.

아인슈타인은 자신의 재능만 믿고 안하무인으로 행동하는 경향이 있어서 대학 수업을 잘 듣지 않았다. 지금은 한 강의실에 수십 명, 많으면 수백 명의 학생이 수업을 들으니 수업에 빠져도 교수가 알기 힘들지만, 당시 아인슈타인이 수업을 듣던 강의실에는 학생이 10명뿐이었던 탓에 수업에 빠지면 교수가 바로 알아챌 수 있었다. 결석이 잦은 그를 교수들이 좋게 볼 리 없었다. 당시 물리학과 주임이었던 웨버 교수는 다른 사람의 말을 듣지 않는 아인슈타인을 질책했다. 이러한 이유로 아인슈타인은 결국 졸업 후 대학 내에서 일자리를 얻을 수 없었다.

아인슈타인은 대학 졸업 후 2년 동안 매우 어렵게 생활했다. 고등학교에서 아이들을 가르치기도 하고 어린아이의 가정교사도 했다. 심지어 얼마 동안은 무직 상태로 살아야 했다. 나중에야 대학 친구 아버지의 도움으로 베른 특허국에서 안정적인 일자리를 찾을 수 있었다. 월급이 많은 일은 아니었지만 비교적 한가로웠던 덕에 아인슈타인은 시간이 날 때마다 좋아하는 물리학 연구를 할 수 있었다.

1905년, 무명의 아인슈타인이 자신의 존재를 세상에 알리게 되는 사건이 일어난다. 그는 1년 동안 무려 세 가지의 놀라운 발견을 하는데, 바로 특수상대성이론, 브라운 운동, 광전효과의 발견이었다. 그의 기이한 업적을 두고 훗날 사람들은 1905년을 '아인슈타인

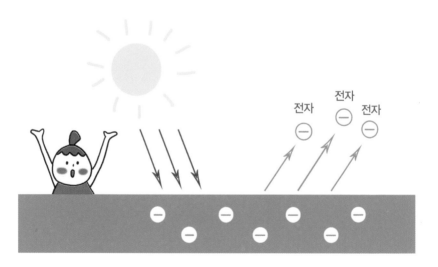

의 기적의 해'라고 불렀다. 그의 3대 발견 중 하나인 광전효과는 사람들이 양자 세계를 이해하는 데 중요한 두 번째 걸음이라 할 수 있다. 아인슈타인은 이 발견으로 1921년 노벨 물리학상을 받았다.

그렇다면 광전효과란 무엇일까? 당시 물리학자들은 실험을 하면서 한 가지 현상을 발견했다. 빛을 금속에 조사照射, 광선 등을 내리쬠하면 그 내부에서 전자가 나온다는 사실이다. 이상할 게 없는 일이다. 빛은 자신의 에너지를 전자에 전달하고, 전자로 하여금 충분한 에너지를 얻어 금속 원자의 속박에서 벗어나도록 한다.

이상한 점은 이러한 현상의 발생이 빛의 주파수에 달려 있다는 사실이다. 일정 주파수 이상의 빛은 한 번만 비추면 금속에서 전자가 튀어나온다. 하지만 이 주파수 이하의 빛은 아무리 오래 빛을 비추어도 전자가 튀어나오지 않는다. 이 점이 이해하기 어려웠다. 고전역학에서 과학자들은 에너지가 연속적이라고 생각했기 때문이다. 예를 들어 커다란 물독에 물을 가득 채우기 위해 세숫대야로 한 번씩 물을 옮겨 따르면 물독을 가득 채울 수 있다. 작은 물컵으로도 한 컵씩 물을 따라 물독을 가득 채울 수 있다. 하지만 광전효과 실험에 따르면 어떨까? 세숫대야로 물독을 가득 채울 수 있지만, 작은 물컵으로는 채울 수 없다는 사실을 알려준다.

그 이유는 무엇일까? 아인슈타인은 빛 자체가 연속적이지 않으

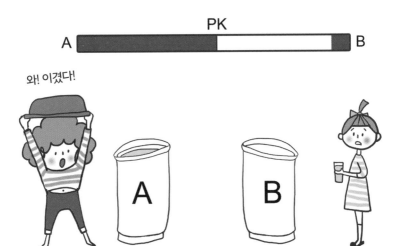

며, 미세입자인 광자로 구성되어 있기 때문이라고 주장했다. 광자 에너지는 빛의 주파수에 달려 있는데, 빛의 주파수가 높을수록 광자 에너지는 크다. 그렇다면 어떻게 광자로 광전효과를 설명할 수 있을까? 간단하다. 만약 하나의 광자 에너지가 비교적 크다면 그것이 전자에 전달하는 에너지도 크다. 이 에너지가 금속 원자의 속박에서 탈피하도록 하는 데 충분하다면 전자는 즉시 금속에서 튀어나온다.

하지만 만약 광자의 에너지가 작아 전자에 전달하는 에너지가 작다면, 이 에너지는 벗어나기 위한 최저 에너지보다 낮은 탓에 전자는 계속 금속 내부에 속박된다. 이는 대학 입학시험과 비슷하다.

만약 여러분이 자신이 원하는 대학의 합격선 이상의 점수를 받으면 대학은 여러분을 즉시 합격시킬 것이다. 하지만 합격선 이하의 점수를 받는다면 아무리 세월이 흘러도 그 대학은 여러분을 입학시키지 않을 것이다.

우리는 빛이 양자라는 사실을 이미 알고 있다. 원자, 원자핵, 전자는 과연 고전적일까 양자적일까? 정답은 양자적이다. 이를 최초로 제시한 사람은 덴마크의 유명한 물리학자 닐스 보어Niels Bohr다.

닐스 보어(1885~1962)
20세기의 가장 영향력 있는 과학자로 여겨지며, 원자 구조의 이해와 양자역학 성립에 기여했다.

보어는 위대한 과학자인 동시에 인간적으로 매력 있는 지도자였다. 그의 모교인 코펜하겐대학은 닐스보어연구소를 설립했고, 이 연구소는 32명의 노벨상 수상자를 배출했다. 학자들은 이곳에서 일하거나 공부하거나 이 연구소와 교류했다. 이렇게 해서 닐스보어연구소는 1920~30년대 국제 물리학 연구의 성지가 되었다.

한번은 보어가 러시아 과학원을 방문했다. 그때 한 사람이 "박사님 주변에는 어째서 유능한 인재들이 많이 모이는 겁니까?"라고 물었다. 보어는 웃으며 대답했다. "젊은이들에게 제가 바보라는 사실을 말하기를 두려워하지 않았기 때문입니다." 그런데 통역사가 긴장한 나머지 "제가 젊은이들에게 그들이 바보라는 사실을 말하기를 두려워하지 않았기 때문입니다"라고 잘못 말했다. 순간 청중은 박장대소했다. 러시아 물리학의 대가인 레프 란다우Lev Landau가 학생들을 실제로 그렇게 대했기 때문이었다.

보어는 자신의 실험 내용과 들어맞는 수소 원자 모형을 제기했다. 이 모형에서 전자 궤도는 양자화되었다. 다시 말해 전자는 분리된 특정 궤도에서만 운동한다는 것이다. 비교해서 설명하자면 전자 궤도는 운동장의 트랙과 비슷하다고 할 수 있다. 전자는 경기에 참가한 단거리 달리기 선수처럼 자신의 트랙에서만 달려야 한다. 이 수소 원자 모형은 2강에서 좀 더 자세히 알아볼 예정이다.

보어는 수소 원자 모형을 제기한 공로로 1922년 노벨 물리학상을 수상했다.

　이제 우리는 모든 미시적 세계의 입자, 즉 원자, 원자핵, 전자, 광자가 모두 양자라는 사실을 알게 되었다. 그것이 뉴턴의 운동법칙에 들어맞지 않는다는 사실도 깨달았다. 그렇다면 대체 양자는 어떤 법칙에 부합할까? 정답은 불확정성 원리다. 1927년 독일의 물리학자 베르너 하이젠베르크Werner Heisenberg는 이 불확정성 원리를 발견하고 1932년 노벨 물리학상을 수상했다.

　하이젠베르크가 독일 뮌헨대학에서 박사학위를 받을 당시 지도

베르너 하이젠베르크(1901~1976)
불확정성 원리를 발견하여 양자역학 발전에 지대한 공헌을 했다. 그 공로로 노벨 물리학상을 수상했다.

교수는 엄격하기로 유명한 아르놀트 조머펠트Arnold Sommerfeld였다. 조머펠트는 아마도 세계에서 가장 엄격한 지도교수였을 것이다. 그가 지도한 학생 중 무려 7명이나 노벨상을 수상했기 때문이다. 이 기록은 아직까지 깨지지 않고 있다. 노벨상을 수상한 7명의 학생 중 성적이 뒤처져 졸업조차 간신히 한 학생이 있었는데, 바로 하이젠베르크였다.

당시 뮌헨대학에는 물리학계의 쌍두마차인 두 명의 위대한 물리학자가 있었다. 한 명은 이론 연구에 몰두한 조머펠트였고, 다른 한 명은 실험 연구를 중시한 빌헬름 빈Wilhelm Wien이었다. 학위 논문에 관한 문답 시험에서 두 교수가 학생들에게 각각 점수를 줬다. A~F로 나뉜 점수에서 평균 C 이상을 받아야 졸업할 수 있었다.

하이젠베르크가 답변할 때 빈 교수는 현미경의 해상도를 어떻게 계산해야 하는지 물었다. 이 질문은 명문대 박사 후보에게는 식은 죽 먹기나 다름없는 문제였다. 하지만 하이젠베르크는 이 질문에 말문이 막혔다. 빈 교수는 어떻게 이렇게 간단한 문제를 모르냐며 노발대발했고, 결국 그에게 F 학점을 주었다. 다행히 조머펠트 교수가 그를 감싸며 A를 주어 하이젠베르크는 평균 C 학점으로 간신히 졸업할 수 있었다. 그의 성적은 뮌헨대학의 박사 과정 졸업생 중 꼴찌에서 두 번째였다. 재미있게도 훗날 하이젠베르크는 자신에게 호된 망신을 안겨준 현미경의 해상도를 토대로 양자역학의 불확정성 원리를 발견했다.

여기서 불확정성 원리란 무엇일까? 라플라스의 말을 기억할 것이다. 그는 어떤 시각의 모든 물체의 운동 상태를 안다면 미래의 모든 일을 예언할 수 있다고 주장했다. 여기서 운동 상태란 두 가지 부분을 포함한다. 하나는 물체의 위치, 다른 하나는 물체의 운동 속도다.

일반적으로 물리학에서는 운동량이 속도를 대신한다. 운동량은 물체의 질량과 속도의 곱이다. 그러므로 라플라스는 어떤 시각의 물체의 위치와 운동량을 동시에 측정하면 그 후의 운동 상태를 정확하게 예언할 수 있다고 생각했다. 여러분이 하늘을 향해 돌 하나를 던진다고 생각해보자. 돌을 던진 높이와 던졌을 때의 속도 또는 운동량을 알면 돌이 최종적으로 어디에 떨어질지를 정확하게 계산할 수 있다는 뜻이다.

하이젠베르크는 미시적 세계에서 라플라스의 전제 자체가 틀렸다는 사실을 발견했다. 물체의 위치와 운동량은 절대로 동시에 측정할 수 없기 때문이다. 쉽게 말해 여러분이 가지고 있던 '돌'이 원자만큼 작을 때 위치를 정확하게 측정하려고 하면 운동량을 정확하게 측정할 수 없고, 반대로 운동량을 정확하게 측정하려고 하면 위치를 정확하게 측정할 수 없다. 두 마리 토끼를 한꺼번에 잡을 수 없는 것, 이것이 양자역학에서 가장 중요한 하이젠베르크의 불확정성 원리다.

미시적 세계에서는 어째서 물체의 위치와 운동량을 동시에 정확히 측정할 수 없는지 물을지도 모른다. 이유는 간단하다. 물체의 위치를 어떻게 측정하는지 떠올려보면 된다. 물체의 위치를 측정

하기 위해서는 우선 봐야 한다. '본다'는 것은 빛이 물체의 표면에 닿은 후 사람의 눈 혹은 현미경에 반사되어야 함을 의미한다. 앞에서 모든 빛은 자신만의 파장이 있다고 설명했다. 만약 빛의 파장이 물체의 길이보다 길다면 그 빛은 반사되어 돌아오지 못한다. 빛의 파장보다 작은 물체는 볼 수 없다는 말이다.

물체의 위치를 정확하게 측정하려면 최대한 파장이 짧은 빛을 이용해야 한다. 하지만 앞서 설명했듯 빛의 파장이 짧을수록 광자의 에너지는 크고, 에너지가 큰 광자가 아주 작은 물체를 때리면 그 본래의 운동을 방해하게 된다. 고무공 하나가 바닥에서 구르다

파리 한 마리와 부딪힌다고 해도 고무공은 그대로 굴러간다. 강아지 한 마리가 달려든다면 어떨까? 고무공의 운동 궤도는 즉시 변한다. 같은 원리로 에너지가 큰 광자일수록 미세입자의 운동 상태에 쉽게 간섭하게 된다. 이는 파장이 짧은 빛을 이용하면 물체의 운동량을 정확히 측정할 수 없음을 의미한다.

파장이 긴 빛을 이용하면 미세입자의 운동량을 정확히 측정할 수는 있지만 그 위치는 정확히 측정할 수 없다. 반대로 파장이 짧은 빛을 이용하면 미세입자의 위치는 정확히 측정할 수 있지만 그 운동량을 정확히 측정할 수 없다. 두 마리 토끼를 한번에 잡을 수 없다는 말과 딱 맞는 원리다.

그러므로 미시적 세계의 물체는 하이젠베르크의 불확정성 원리에 따르며, 그 위치와 속도를 동시에 정확히 측정할 수 없으니 미래의 운동 상태를 정확히 계산할 수 없다. 사실 미세입자는 정확한 운동 궤도가 존재하지 않는다. 구름과 안개처럼 이곳저곳에 널리 퍼져 있다. 이에 관해서는 2강에서 자세히 알아보도록 하자.

'거시적 세계의 물체는 불확정성 원리를 따를까요?'라고 묻는 독자도 있을 테다. 답은 '따른다'이다. 하지만 거시적 물체의 불확정성은 매우 작다. 가령 정상적인 사람은 그 위치의 불확정성이 1미터의 $100,000,000^5$분의 1이다. 이 정도로 짧은 거리를 측정할 수 있는 과학 측정 기구는 이 세상에 존재하지 않는다. 반대로 말하면 거시적 세계의 물체는 무엇이든 정확하게 측정할 수 있다. 따라서 거시적 세계에서 뉴턴역학은 완전히 성립된다.

① 입자가 파동이라는 말은 정확한 말은 아니다. 입자는 입자일 뿐 보기 전에는 그것이 어디에 있는지 확신할 수 없다. 이 불확정성은 파동의 성질 때문에 나타난다. 불확정성은 파곡과 파두가 있듯 높낮이가 있다. 이 불확정성의 성질이 파동이지 입자 자체가 파동은 아니다.

② 광자를 측정하기 전 광자는 불확정적이며, 불확정성은 파동의 방식에 따라 나타난다. 수많은 광자가 한데 모여 고전적인 대상을 형성할 때 불확정성은 확정성으로 변한다. 이 확정성은 파동으로 이루어져 있는데, 이때의 파동이 고전적인 파동이다. 예를 들면 수면의 파동과 같은 것이다. 우리가 일반적으로 전자파라고 말하는 이유도 이 때문이다. 과학자들은 전자파를 먼저 발견하고 나중에 광자를 발견했다. 물론 과학자들도 그보다 먼저 빛이 파장이라는 사실을 발견했다. 오래전에 뉴턴이 빛이 입자로 이루어졌다고 말하긴 했지만 그가 본 빛을 구성하는 입자와 아인슈타인이 본 광자는 다른 것이었다. 뉴턴이 말한 빛을 구성하는 입자는 아주 작은 돌과 구분되지 않을 정도지만, 아인슈타인이 본 광자는 에너지와 운동량을 가지고 있을 뿐만 아니라 돌과는 전혀 달랐다.

③ 전자와 원자핵이 원자를 형성할 때 전자는 원자의 표면에 존재할 수 있다. 만약 원자의 표면에 있다면 우리가 전자를 찾을 가능성은 더욱 낮아진다.

④ 엑스선 역시 전자파이며 광자로 이루어져 있다. 하나의 광자가 얼마만하다고 말할 수는 없다. 그저 불확정하게 말할 수밖에 없는데, 그 불확정성은 1미터의 1조 분의 1에서 1미터의 1억 분의 1 사이에 있다. 그 에너지는 1만 분의 1 전자 에너지에서 1 전자 에너지 사이에 있다.

⑤ 감마선의 에너지는 하나의 전자 에너지보다 높아야 한다. 다량의 감마선을 조사하는 것은 치명적이지만 소량으로 한 번 조사하는 것은 괜찮다.

⑥ 우주에 존재하는 하나의 입자는 영원히 불확정하다. 앞서 설명한 바와 같이 불확정성은 그 질량에 반비례하므로 질량이 클수록 불확정성이 작아진다. 인간의 불확정성은 무시해도 될 만큼 매우 작다.

⑦ 세포는 수많은 원자로 구성되어 있다. 가장 작은 세포도 원자와 비교했을 때 1만 배나 크다. 그러므로 세포의 불확정성은 매우 작다. 어쩌면 우리가 나노 로봇을 만들 때쯤이면 암세포의 위치를 하나하나 찾아 죽일 수 있을지 모른다. 암세포는 고전적인 것이어서 정확한 위치를 찾을 수 있기 때문이다.

⑧ '슈뢰딩거의 고양이'는 이론적으로만 존재할 수 있다. 존재 조건이 매우 까다로운 탓에 현실 세계에서는 존재할 수 없다. 슈뢰딩거의 고양이가 공기 중에 존재한다면 죽어야만 살 수 있다. 이러한 현상은 양자역학의 또 다른 중요한 개념인 '파동함수의 붕괴'와 관련된다. 하나의 양자 물체가 주변 환경과 상호작용하면 정확한 양자 상태로 존재하기 어려워진다.

⑨ 하나의 원자는 단순한 원자 상태에 있을 때는 불확정하다. 하지만 하나의 원자가 큰 분자가 되면 고전적인 물체가 되며 정확해진다. 하나의 물체 에너지가 클수록 그 위치의 불확정성은 작아진다.

⑩ 양자론과 상대성이론은 20세기 물리학의 양대 축이다. 아인슈타인은 두 가지 위대한 이론을 완성했다. 하나는 특수상대성이론으로, 양자역학과 모순되지 않는 이론이다. 다른 하나는 일반상대성이론인데, 여기에는 만유인력도 포함된다. 문제는 양자역학이 만유인력을 포함하려고 할 때 설명할 수 없는 모순에 부딪힌다. 과학자들은 지금까지도 이 모순을 말끔히 해결할 수 있는 이론을 찾고 있다.

⑪ 양자라는 개념은 플랑크가 도입했다. 그에 따르면 양자는 빛 내부의 에너지, 빛 하나하나의 에너지다. 나중에 아인슈타인이 이 하나하나의 양자가 사실은 광자라는 사실을 발견했다. 현재는 양자의 의미가 더욱 복잡해졌다. 하나하나의 에너지뿐만 아니라 양자역학과 관련된

모든 것을 양자라고 부를 수 있다.

⑫ 전자, 원자는 모두 불확정하기 때문에 우리가 사용하는 의자나 책상, 소파는 갑자기 붕괴되지 않는다. 이에 관해서는 2강에서 자세히 알아보자.

⑬ 원자핵 안에서 물리 변화가 발생할 때 생기는 에너지는 원자 변화가 발생할 때 생기는 에너지보다 훨씬 크다. 불확정성 원리와도 관계가 있는 것으로, 원자핵이 작을수록 에너지는 크다. 원자핵이 원자보다 10만 배나 작으므로 에너지도 10만 배 크다. 즉 핵의 에너지가 화학에너지보다 10만 배 크다는 말이다. 원자폭탄은 바로 핵에너지를 이용하여 만든 것으로 원자핵과 관련되고 원자와는 아무런 관계가 없다.

⑭ 인간은 양자가 아니라 원자로 이루어져 있다. 하지만 원자는 양자역학을 따른다. 양자 자체는 하나의 물체가 아니며 하나의 이론에 불과하다. 앞서 설명한 것과 같이 원래는 빛 속의 하나하나의 에너지였다. 나중에 양자는 하나의 개념이 되었고, 양자역학을 따르는 모든 것을 양자라고 부르게 되었다.

우리가 알고 있는 지구상의 모든 것은 원자로 구성되어 있다. 인간 역시 원자로 이루어져 있다.

⑮ 탄소 원자만으로 다른 물체를 만들 수 있다는 사실은 매우 중요하다. 다이아몬드도 만들 수 있다. 연필심 역시 탄소로 구성된다. 하지만 그 구성 방식은 모두 다르다. 탄소로 이루어진 서로 다른 물체는 우리 일상생활 속에서 얼마든지 볼 수 있다.

⑯ 서로 다른 원자 간의 상호작용력은 다르다. 이는 전자기력 때문이다.

⑰ 상대성이론에 따르면 질량과 에너지는 같다.

⑱ 원자 안의 이른바 전자의 도약은 에너지가 높은 곳에서 낮은 곳으로 도약한다. 에너지보존법칙에 따르면 전자는 도약하는 과정에서 광자를 방출한다. 만약 에너지가 낮은 곳에서 높은 곳으로 도약한다면 마찬가지로 에너지보존법칙에 따라 광자를 흡수할 것이다.

⑲ 우주 전체는 에너지로 가득 차 있다. 에너지의 형식만 달라도 어떤 것은 전자, 어떤 것은 원자, 또 어떤 것은 광자로 나타나며 심지어 암흑물질 또는 암흑 에너지로 나타나기도 한다.

⑳ 상대성이론에는 서로 다른 질량의 정의가 존재한다. 물체가 정지했을 때의 에너지를 질량이라고 하기도 하고, 물체가 운동하는 전체 에너지를 질량이라고 하기도 한다. 두 개의 질량의 개념은 다르다.

㉑ 상대성이론에 따르면 광속은 가장 빠른 속도이며, 중력파 역시 광속으로 전파된다.

㉒ 양자역학의 의미는 다양하다. 첫째, 양자역학은 세계를 움직이는 규칙과 방식을 정확하게 인식하도록 도와준다. 둘째, 다양하게 응용할 수 있다. 반도체 칩에도 양자역학을 이용할 수 있다. 사실 일상생활 모든 곳에 양자역학이 존재한다. 만약 양자역학이 존재하지 않는다면 물체는 불안정해질 것이다.

㉓ 질량이 있는 모든 입자의 속도는 원칙적으로 광속에 도달할 수 없다. 광속에 도달하려면 그 에너지가 무한대가 되어야 하기 때문이다. 질량이 있는 입자의 속도는 광속에 가까워질 뿐이다. 하나의 광자를 광속의 99퍼센트로 가속하려면 이 양자 질량의 6배 이상의 에너지가 필요하다.

㉔ 입자를 무한대로 나눌 수 있을까? 현대의 입자물리 개념에 따르면 입자는 무한대로 나눌 수 없다. 계속 나누면 마지막에는 이른바 기본입자만 남게 되는데, 이 기본입자는 더 이상 나눌 수 없는 가장 '기본'이기 때문이다.

2

물질은 어떻게
안정성을
유지할까?

제 2 강

　우리 눈에 보이는 많은 물체는 모두 안정적이다. 우리가 앉는 의자나 손에 든 휴대폰, 컴퓨터를 켜면 보이는 화면 등은 시간이 지나도 갑자기 변형되거나 찌그러지거나 폭발하지 않는다. 왜 그럴까?

　질문이 뜬금없다고 생각할 수도 있다. 그건 원래 그런 거니까! 평소에 사용하는 스테인리스 숟가락이나 나이프, 포크를 손에 쥐어보면 단단하고 견고하게 느껴진다. 이를 이상하다고 생각할 사람이 몇이나 될까. 원래부터 딱딱했으니까. 다른 물건들도 마찬가지다. 스테인리스보다 단단한 다이아몬드도 당연히 견고하다. 돌 역시 매우 견고해서 큰 바위나 작은 돌멩이 모두 갑자기 물렁물렁

해지거나 작아지지 않는다. 난데없이 폭발하는 일은 더더욱 벌어지지 않는다.

물론 스테인리스 조리도구나 다이아몬드만큼 단단하지 않은 것들도 많다. 나무는 스테인리스나 돌멩이보다는 덜 단단하지만 마찬가지로 갑자기 작아지지 않는다. 갑자기 안으로 푹 꺼지거나 밖으로 폭발하지도 않는다. 하지만 곧 이 당연한 일이 사실은 매우 골치 아픈 문제였음을 깨닫게 될 것이다.

우리 눈에 보이는 스테인리스, 다이아몬드, 나무는 모두 고체다. 일반적인 압력 상태에서는 변형되지 않는 것이 고체의 성질이다. 액체는 어떨까? 우리 생활에 없어서는 안 되는 가장 소중한 물을 예로 들어보자. 사람은 며칠 굶는다고 해서 죽지 않지만 며칠 동안 물을 마시지 않는다면 목숨을 잃게 된다. 물 역시 갑자기 폭발하지 않는다. 한 컵의 물이 갑자기 한 방울의 물로 줄어들지도 않는다. 물의 크기 혹은 부피는 변하지 않는다. 이러한 성질은 고체와 같다.

물보다 더 유연한 것이 있는데 바로 공기다. 하늘을 바라보면 파란색 바탕에 흰 구름이 떠 있는 모습을 볼 수 있다. 이 파란색 바탕이 공기다. 공기가 파란색으로 변하는 이유는 태양으로부터 나온 빛이 공기와 부딪히며 퍼져서다. 구체적인 이야기는 나중에 하겠다. 파란색 공기는 물보다 더 유연한데, 물리학에서는 이를 기체라고 한다. 기체 역시 갑자기 커지거나 작아지지 않는다. 이 같은 성질을 안정성이라고 한다.

물리학자들은 이미 100여 년 전에 고체와 액체는 물론 기체에 이르는 모든 물질이 실제로는 더 작은 원자로 구성되어 있다는 사실을 발견했다. 현미경으로 물질, 특히 스테인리스를 보면 많은 원자가 차례로 줄지어 매우 규칙적인 형상을 이룬 것을 확인할 수 있다. 또한 스테인리스 원자 사이의 많은 빈 공간도 볼 수 있다. 스테인리스 원자와 빈 공간의 크기가 얼마나 다를까? 잠시 후 어떤 형상에 비유하여 알아보자. 스테인리스 원자의 크기는 빈 공간에 비하면 새 발의 피나 다름없다. 두 원자 사이의 공간은 상상 이상으로 크다.

여기서 궁금증 하나가 생긴다. 탁자 위에 컵을 올려놓으면 컵은 왜 탁자를 뚫고 떨어지지 않을까? 컵과 탁자 모두 원자로 구성되어 있으며, 탁자 속의 원자와 원자 사이에는 큰 공간이 있고 컵의 원자와 원자 사이에도 큰 공간이 있다. 세상의 많은 물체의 표면은 매우 촘촘해 중간에 빈틈이 전혀 없을 것 같지만 현미경으로 보면 사실 이러한 물체 내부 대부분은 비어 있다. 그렇다면 컵을 구성하는 원자는 어째서 탁자를 구성하는 원자 사이의 빈 공간으

로 떨어지지 않을까? 평소에는 전혀 생각해본 적 없는 문제일 테다. 원자는 마치 허공에 떠 있는 듯 보인다. 기이하게도 이러한 물질은 안정적이다. 물체는 갑자기 커지거나 작아지지 않는다. 어떻게 그럴 수 있을까? 답은 양자역학에 있다.

물체 내부가 비어 있다는 사실을 맨 처음 발견한 사람은 어니스트 러더퍼드Ernest Rutherford다. 영국 케임브리지대학의 물리학자였던 그는 1908년에 노벨 화학상을 수상했다. 물리학자가 노벨 화학상이라고? 고개를 갸웃할 만한 일이다. 자신은 노벨 화학상이 아니라 물리학상을 받아야 한다고 생각했던 러더퍼드 본인도 이에 굉장한 불만을 표했다. '물리학상이면 어떻고 화학상이면 어때요. 노벨상이면 다 똑같지. 굳이 따질 필요가 있나요?'라고 물을지도 모르겠다. 보통 사람에게 두 분야의 상은 큰 차이가 없어 보인다. 하지만 러더퍼드에게 화학상과 물리학상은 하늘과 땅 차이였다. 화학상은 물리학상에 견줄 바가 되지 않는다고 늘 여겨왔기 때문이다. 그는 "과학 연구에서 물리학 이외의 학문은 모두 우표 수집에 불과하다"라고 말한 적도 있다.

어니스트 러더퍼드(1871~1937)
'핵물리학의 아버지'라 불린다. 알파 입자 산란
실험을 통해 최초로 원자핵의 존재를 발견했다.

러더퍼드 본인뿐만 아니라 그가 가르친 학생들도 화려한 경력을 자랑한다. 그의 학생과 조교 중 12명이 노벨상을 수상했다. 소수의 선진국을 제외하고 이렇게 많은 노벨상 수상자를 배출한 나라는 없다. 러더퍼드 한 사람이 배출한 노벨상 수상자가 세계 대부분의 나라가 거국적인 노력으로 배출한 노벨상 수상자보다 많다고 할 수 있다.

러더퍼드가 재직했던 캐번디시 실험실에는 지금까지 전해 내려오는 이야기가 있다. 어느 날 밤 러더퍼드가 연구하러 실험실에 갔는데 뜻밖에도 한 학생이 실험에 열중하고 있었다. 러더퍼드는 학생의 뒤로 가 조용히 물었다. "자네, 오전에는 무엇을 했나?" 학생은 러더퍼드를 보고 곧바로 일어나 대답했다. "실험을 했습니다." 러더퍼드는 또 물었다. "그럼 오후에는?" 그러자 학생이 대답했다. "실험을 했습니다." 러더퍼드는 다시 물었다. "저녁에는 무엇을 했나?" 학생은 러더퍼드가 열심히 실험한 자신을 칭찬해줄 거라고 기대하며 득의양양하게 대답했다. "계속 실험을 했습니다." 하지만 뜻밖에도 러더퍼드는 엄한 얼굴로 "하루 종일 실험만 하면 언제 생각을 하겠나?"라고 말했다. 학생은 순간 말문이 막혔다. 그가 실험실을 나가려고 할 때 러더퍼드는 "생각하는 것을 잊지 말게!"라고 충고했다. 그때부터 이 말은 캐번디시 실험실의 명언이 되었다.

본론으로 돌아가자. 러더퍼드는 원자 내부의 구조를 연구하려 했다. 그는 알파 입자라고 불리는 것을 물체 내부에 던졌고, 이 입자가 매우 쉽게 물체를 통과하는 현상을 발견했다. 이는 물체 내부가 대부분 비어 있다는 사실을 설명해준다. 그런데 실험이 진행될수록 이상한 일이 발생했다. 한번은 알파 입자를 물체 내부에 던졌는데 놀랍게도 원래의 경로로 튕겨 나왔다. 러더퍼드는 이후 회고록에 이렇게 기록했다. "이 일은 내 인생에서 가장 뜻밖의 사건이었다. 마치 직경이 40센티미터나 되는 대포를 종이에 쐈는데 그 대포알이 튕겨 나온 것과 같았다."

　이 사건은 원자 내부에 매우 작고 단단한 무언가가 존재함을 의

미했다. 바로 원자핵이다. 러더퍼드는 이 실험으로 원자 내부에는 매우 작고 양전기를 띠는 단단한 원자핵이 존재하며, 원자핵 외부에는 질량이 더 작고 음전기를 띠는 전자가 존재한다는 원자의 구조를 분명히 이해할 수 있었다.

설명을 이어가기 전에 이전에 제기한 질문을 생각해보자. 물질은 수많은 원자로 구성되고 중간에 커다란 빈 공간이 있는데도 어떻게 안정적일까?

두 사단의 병사들을 2열로 마주 보게 세웠다고 가정해보자. 각 열의 병사 사이의 거리는 10미터다. 병사들이 상대 사단을 향해 걸어간다. 병사들 간의 거리가 10미터이므로 상대 사병과 부딪힐 가능성은 매우 적다. 대부분의 상황에서 그들은 서로 비켜 지나가기 때문에 부딪히지 않는다. 이것이 바로 앞서 질문한 문제다. 마찬가지로 컵을 탁자 위에 놓으면 컵 원자 사이에는 많은 빈 공간이 존재하고 탁자 원자 사이에도 빈 공간이 존재하여 원자가 서로 부딪히지 않아야 한다. 하지만 문제는 컵 원자가 탁자의 원자에 부딪히게 된다는 데 있다. 그러므로 컵은 탁자를 뚫고 떨어지지 않는다.

병사의 예는 아주 간단한 비유지만 여기서 물질의 원자 사이의 빈 공간은 매우 과장되어 있다. 도대체 얼마나 과장되었을까? 원자핵을 1천조 배로 확대해보자. 1천조는 과연 얼마만큼 큰 수일

까? 현재 지구의 인구는 약 70억 명이다. 지금까지 지구에 살았던 사람을 모두 더하면 약 1천억 명이 된다. 1천억이라는 숫자에 다시 1만을 곱하면 1천조가 된다. 이렇게 큰 숫자는 보통 천문학에서만 사용하기 때문에 천문학적 숫자라고 부른다. 자, 이제 하나의 원자핵을 1천조 배 확대하면 직경은 1미터 정도가 되고, 한 병사의 키와 비슷해진다.

원자의 구조는 이미 설명했듯이 지구가 태양의 주변을 도는 것처럼 전자가 원자핵의 주변을 돌고 있다. 우리는 전자 궤도 크기가 원자 하나의 크기와 같다고 본다. 원자를 1천조 배 확대하면 원자의 크기는 얼마가 될까? 베이징에서 톈진까지의 거리인 100킬로미터다. 원자핵을 한 사람의 크기로 확대하면 원자핵 사이의 거리는 최소 베이징에서 톈진까지만큼이나 멀어진다고 할 수 있다. 다시 병사의 비유로 돌아오면 두 열의 병사가 있고, 각 열의 이웃하는 병사와의 거리는 100킬로미터가 된다. 두 열의 병사가 상대 열을 향해 걸어간다. 병사가 서로 부딪히게 될까? 절대 그렇지 않다!

원자핵 간의 거리가 멀더라도 각 원자핵 또는 전자가 운동을 하고 있다면, 그러니까 각각의 병사가 모두 자신의 대열 안에서 왔다 갔다 한다면 이 두 열의 병사끼리 부딪힐 수도 있지 않을까?라고 생각하는 똑똑한 독자도 있을 것이다. 이렇게 되면 부딪힐 가능성이 늘긴 하겠지만 그럴 확률은 여전히 매우 낮다. 병사 사이의 거리가 100킬로미터나 되니 도저히 부딪힐 수 없다. 그렇다면 컵은 왜 탁자를 뚫고 지나갈 수 없을까?

이 질문에 처음으로 답한 사람은 보어다. 덴마크의 물리학자인 그는 러더퍼드의 학생이었다. 하나의 전자가 원자핵의 주변을 도는 수소 원자 모형을 최초로 제기한 인물이 바로 보어다. 보어에 관해서는 재미있는 일화가 있다.

어느 날 러더퍼드의 동료가 러더퍼드에게 전화를 했다. 한 학생이 시험을 망쳐서 0점을 주었더니 이 학생이 자신은 100점을 맞아야 한다고 주장한다며, 러더퍼드에게 도대체 누가 맞고 누가 틀렸는지 판단해달라고 했다. 러더퍼드의 동료가 낸 문제는 이것이었다.

'여기 있는 기압계를 이용해 한 건물의 고도를 측정하시오.' 답은 간단하다. 지면의 기압은 높고, 높은 곳의 기압은 낮다. 만약 윈구이雲貴 고원중국 인난 성雲南省 동부에서 구이저우 성貴州省까지 뻗어 있는 해발 1~2킬로미터의 대고원—옮긴이 혹은 더 높은 칭장靑藏 고원에 가면 그곳의 기압이 일반적인 곳보다 낮음을 느낄 수 있다. 이렇게 지면과 건물 꼭대기의 기압 값을 측정하면 건물의 고도를 예측할 수 있다.

하지만 보어의 답은 황당하기 그지없었다. 건물 꼭대기에서 기다란 줄 끝에 기압계를 묶고 지면으로 내려 기압계가 땅에 닿으면 줄을 다시 올린다. 이 줄의 길이가 바로 건물의 높이라는 것이다. 이 답도 물론 맞지만 물리학적인 답이라고 할 수는 없다. 그래서 러더퍼드의 동료는 보어에게 0점을 주었다.

러더퍼드가 보어를 만났을 때 보어는 대여섯 개의 물리학적 답이 있다고 말했다. 호기심이 생긴 러더퍼드가 답을 말해줄 수 있는지 묻자 보어는 그러겠다고 대답했다.

첫 번째 물리적인 정답은 이렇다. 기압계를 들고 건물 꼭대기에서 자유낙하시킨 후 낙하 시간을 측정한다. 이렇게 하면 자유낙하의 법칙에 따라 건물의 고도를 계산할 수 있다. 보어는 이것 외에도 몇 가지 물리적인 답을 제시했는데, 모두 정확했지만 듣는 이를 어처구니없게 만드는 내용이었다. 마지막으로 보어는 가장 간단한 답이 있다고 말했다. 건물의 경비원에게 건물의 고도를 물어본 후 기압계를 주면 된다고 했다. 러더퍼드는 이 젊은이의 재치를 높이 평가하여 만점을 주었다.

보어가 처음으로 러더퍼드를 만났을 때 그는 이미 코펜하겐대학에서 박사학위를 받은 후였다. 케임브리지대학의 러더퍼드 밑에서 연구를 한 후 다시 코펜하겐대학으로 돌아온 보어는 그 유명한 보어연구소를 설립했다. 내가 코펜하겐대학의 보어연구소에서 박사학위를 받은 시기는 1990년이다.

앞에서 말한 일화는 보어가 얼마나 재치 있는 사람인지를 설명하기 위해 그의 팬들이 지어낸 이야기다. 하지만 지금부터 들려줄 이야기는 실제로 있었던 일이다.

과학자라고 하면 많은 사람이 허약하고 비실비실한 모습을 머릿속에 떠올리기 쉽다. 하지만 과학자 중에도 보기 드문 몸짱이 있었으니, 바로 보어다. 젊은 시절 아주 유명한 축구 선수였던 보어에게는 훗날 수학자가 된 남동생이 있었다. 남동생의 축구 실력은 보어보다 대단해서 덴마크 국가대표 축구 팀 선수로 올림픽에 참가해

은메달을 따기도 했다.

두 형제는 코펜하겐대학 축구 팀 소속 선수였다. 이 축구 팀은 매우 강해서 덴마크 전국대회에서 여러 차례 우승을 하기도 했다. 그래서인지 이 축구 팀의 골키퍼였던 보어는 후보 선수에 가까웠다. 보어의 소속 팀은 아주 강해서 주로 상대 팀 골문 주변에서 경기를 하고 자신들의 골대 주변에서 수비할 일은 많지 않았기 때문이다. 강한 팀의 골키퍼인 보어는 의도치 않게 한가한 시간이 많았다. 심지어 시간을 때우느라 '나쁜' 버릇까지 생겼는데, 한가한 시간에 물리 문제를 푸는 것이었다.

한번은 보어의 팀이 독일 축구 팀과 경기를 했다. 보어는 평소하던 대로 물리 문제를 풀고 있었다. 그런데 독일 팀이 반격 중에 상대 팀의 골키퍼인 보어가 무엇을 하는지 넋 놓고 있는 모습을 보고는 바로 장거리 슛을 넣어버렸다. 한편 보어는 상대 팀에게 골을 내준 것조차 모를 정도로 그 순간 물리의 세계에 빠져 있었다고 한다.

보어는 러더퍼드의 실험 결과에 따라 수소 원자 모형을 제시했다. 오른쪽 그림은 그 모형을 설명한 것이다. 수소 원자 중심에는 원자핵이 있고, 원자핵 밖에는 하나의 전자가 있다. 핵심은 전자가 특정 궤도에서만 운동한다는 점이다. 학교 운동회의 100미터 달리

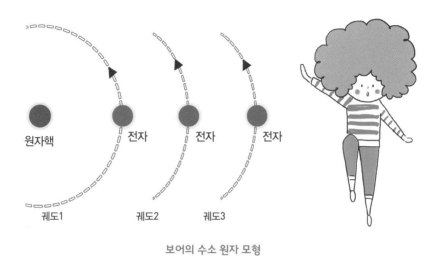

보어의 수소 원자 모형

기 선수는 자신의 트랙에서만 달려야 하며, 운동장을 가로질러서
는 안 된다. 전자도 마찬가지다. 특정 궤도를 벗어난 다른 곳에서
는 전자가 온전히 존재할 수 없다. 자신의 궤도를 벗어난다면 앞서
설명한 병사의 예처럼 두 열의 병사가 마주 보며 걸을 때 서로 부
딪히게 된다.

　하지만 이 두 열의 병사가 자신의 대열에서 뛰더라도 간격이
100킬로미터나 되니 서로 부딪힐 확률은 여전히 매우 낮다. 그러므
로 보어의 수소 원자 모형은 물질의 안정성 문제를 해결하는 첫걸
음일 뿐이었다.

문제 해결의 두 번째 실마리를 푼 사람은 독일의 물리학자 하이젠베르크다. 하이젠베르크는 기존의 잘 알려진 물리학자들과는 좀 다르다. 유명한 물리학자들은 대부분 수학을 잘했지만 그는 수학을 잘하지 못했다. 하이젠베르크는 박사 시절 급류에 대해 연구했다. 센 강물이 소용돌이치는 현상 말이다. 급류를 연구하려면 매우 복잡한 방정식 하나를 풀어야 했는데, 수학을 잘 못했던 하이젠베르크는 이 문제를 풀 수가 없어 하마터면 졸업도 못할 뻔했다. 다행히 그에게는 물리적 직감이 매우 뛰어나다는 장점이 있었다. 중간 과정은 잘 이해하지 못하더라도 과정을 뛰어넘어 최종 결과를 잘 찾아냈다. 하이젠베르크는 이 방정식의 근삿값을 추측해내 박사학위를 받았다. 결과적으로는 졸업을 위해 추측해낸 답이었지만 수학자들이 증명해보니 놀랍게도 정답이었다.

하이젠베르크는 어떻게 물질의 안정성 문제를 해결할 수 있었을까? 원자 속의 전자는 사실 하나하나의 독립적인 궤도에서 운동하지 않는다. 1강에서 설명한 것처럼 유령처럼 여기저기 이동한다. 즉 전자의 위치는 불확정적이어서 언제든지 여러 곳에서 동시에 나타날 수 있다. 직접 가서 봐야만 전자가 어디에 있는지 알 수 있다. 가서 보지 않는다면 전자는 여러 곳에 존재할 수 있다. 이상하게 들리겠지만 이것이 바로 양자역학의 신비한 점이다.

하이젠베르크는 이 신비로운 생각을 어떻게 해냈을까? 그는 24세 되던 해 아주 심각한 알레르기성 비염에 걸려 헬골란트Helgoland라는 작은 섬에 가서 요양했다. 이 섬은 나무도 꽃도 풀도 없는 헐벗은 곳이었다. 하지만 그는 이 섬에서 지내며 알레르기성 비염이 좋아졌고 머리도 맑아졌다. 그 덕분에 하이젠베르크는 맑아진 머리로 보어의 모형을 구상해냈다.

궤도의 개념을 포기한다면 전자는 자유롭게 돌아다닐 수 있고 여러 곳에 나타날 수 있다. 또한 원자 구조도 안정적으로 변할 수 있다. 두 병사 사이의 간격이 100킬로미터나 되더라도 만약 이 병사에게 초능력이 있다면? 둘 사이의 어느 곳에든 언제든 나타날 수 있다. 그렇다면 이 두 병사는 쉽게 부딪힐 수 있는 게 아닐까?

이것이 정답이다. 하이젠베르크는 풀 한 포기 없는 그 작은 섬에서 무료한 하루하루를 보내며 여기저기 산책을 다녔을 것이다. 해질녘이 되어서는 해수면에 늘어진 구름도 보았을 테다. 그때 영감을 얻은 하이젠베르크는 전자가 정해진 특정한 위치 없이 구름처럼 여기저기 흩어지고 두 개의 원자가 부딪힐 수도 있다고 떠올렸을 것이다.

하지만 구름은 보송보송하다. 두 개의 구름이 부딪힌다면 하나로 뭉쳐지지 컵과 탁자처럼 분명하게 구분될 리 없다. 요컨대 하이

볼프강 파울리(1900~1958)
양자역학의 주요한 원리인 배타원리를
발견하여 노벨 물리학상을 받았다.

젠베르크의 이론으로 멀리 떨어진 원자가 서로 부딪힐 수 있다고
해도 부딪힌 후 서로 튕겨 나간다는 보장은 없다. 따라서 물질의
안정성 문제는 여전히 해결되었다고 볼 수 없었다.

　세 번째로 문제를 푼 사람이 나타났다. 하이젠베르크의 선배인
오스트리아 물리학자 볼프강 파울리Wolfgang Pauli다.

　파울리는 물리학의 역사에서 혁혁한 공을 세운 천재다. 어느 정
도의 천재였을까. 20세기 최고의 물리학자인 아인슈타인의 가장
유명한 이론은 일반상대성이론이다. 이 이론은 제기되고 10년이

지나도록 이해한 사람이 전 세계에서 손에 꼽을 정도로 무척 심오하고 이해하기 어려웠다. 하지만 일반상대성이론이 제기된 지 5년째 되던 해, 겨우 21세였던 파울리가 이 이론을 체계적으로 설명하는 책을 썼다. 21세 청년이 혼자의 힘으로 전 세계에서 이해하는 사람이 몇 명뿐인 이론을 이해한 것도 모자라 책으로 써낸 것은 불가사의한 일이다. 심지어 아인슈타인도 놀라 이렇게 말했다. "이 책이 겨우 스물한 살 청년의 손에서 나왔다니, 이 분야의 전문가라면 누구라도 믿지 못할 것입니다."

파울리가 어떻게 이 문제를 풀게 되었는지 살펴보자. 파울리는 춤추기를 좋아했다. 한번은 큰 무도회에 참가하려고 솔베이 회의 참석을 거절한 적도 있었다. 솔베이 회의는 역사적으로 가장 유명한 물리학 회의로, 매번 세계적으로 가장 권위 있는 물리학자들을 초청한다. 이 회의에 참석한다는 사실은 물리학자에게는 무엇보다 영예로운 일이다. 하지만 파울리는 솔베이 회의 대신 무도회를 선택했다.

무도회에서 파울리는 문득 이런 생각을 했다. '춤은 보통 남자와 여자가 일대일로 추는데, 춤추고 있는 한 쌍의 남녀 사이로 다른 여자가 끼어든다면 원래 있던 여자는 분명 불쾌하겠지?'

이게 무슨 발견이냐고, 이건 누구나 아는 일이 아니냐고 생각할

지도 모른다. 하지만 파울리는 평범하기 그지없는 현상에서 파울리의 배타원리를 발견했다. 이 원리는 매우 간단하다. 수소 원자핵 주변에는 하나의 전자만 존재한다. 다른 전자는 근본적으로 들어갈 수 없다. 이는 한 남자가 동시에 두 여자와 춤을 출 수 없고, 한 여자와만 춤출 수 있는 것과 같다. '한 점의 구름'에는 한 개의 전자만이 존재하며 두 개의 전자는 존재할 수 없다.

파울리의 배타원리를 통하니 원래 보송보송하던 구름이 순식간에 단단해졌다. 다시 말해 원자는 한 쌍의 '댄스 파트너'로 이루어져 있어서 다른 '댄스 파트너'가 다가오기를 원하지 않는다. 이것이 앞서 얘기한 일렬의 원자로 구성된 물체가 갑자기 줄어들지 않는

엔리코 페르미(1901~1954)
상대성이론, 원자의 양자론, 분광학을 연구했다. 세
계 최초로 원자로를 고안해냈고, 제2차 세계대전
중 원자폭탄 설계에서 주요한 역할을 했다.

다거나 컵을 탁자 위에 올려놓아도 아래로 떨어지지 않는다는 문
제를 설명해준다.

　파울리의 배타원리에 큰 공헌을 한 사람이 있다. 이탈리아의 물
리학자 엔리코 페르미Enrico Fermi다. 제2차 세계대전 당시 페르미는
미국으로 도피하여 원자폭탄 제조를 도왔다. 원자폭탄을 만든 후
사람들은 이 신무기가 도대체 얼마만큼의 위력을 가졌는지 궁금했

지만 그 위력이 두려워 감히 실제로는 측정할 수 없었다. 가까이 있다가는 목숨을 잃게 될 것이 분명했기 때문이다. 이때 페르미는 멀리 떨어진 곳에서 원자폭탄의 폭발 위력을 측정하는 방법을 고 안해냈다. 과연 페르미가 생각한 방법은 무엇이었을까?

페르미는 원자 세계의 여자 파트너들은 모두 생김새가 같다고 생각했다. 모든 전자가 똑같이 생겼다는 것이다. 똑같이 생긴 두 여성은 두 개의 서로 다른 구름 속에서 두 남자와 춤을 춘다. 하지 만 이 두 여성은 하나의 구름 속에서 동시에 한 명의 남성과 춤출 수는 없다. 이때 똑똑한 독자라면 원자핵을 한 무더기로 모아서 여 러 개의 전자를 돌릴 수는 없는지 물을 것이다.

만약 이러한 일이 발생한다면 물질은 무너지거나 폭발하게 될 까? 좋은 질문이다. 이 문제를 해결한 사람이 바로 영국의 물리학 자 프리먼 다이슨Freeman Dyson이다. 다이슨은 영국인이지만 오랫 동안 미국에서 살았다. 그는 영국인은 비관적이지만 미국인은 낙 관적이고, 영국인은 실패를 인정하기를 두려워하지 않지만 미국인 은 항상 승리자가 되기를 원한다고 생각했다.

다이슨은 두 가지 극단적인 성격보다는 이 두 성격이 잘 융합되 는 편이 좋다고 생각했다. 여기서 착안한 다이슨은 파울리의 배타 원리를 이용해 원자핵이 반드시 전자와 쌍을 맺어 원자를 형성한다는 사실을 증명했다. 이 원리는 또한 우리의 일상생활 경험에도 맞아떨어진다. 무도회에서 남자와 여자는 따로 있지 않고 함께 춤을 춘다. 무도회에서는 항상 한 명의 남자와 한 명의 여자가 쌍을 이루며, 남자와 여자는 자연스럽게 짝을 이룬다. 이것이 바로 물질이 무너지지 않는 이유를 완전히 설명해주었다.

프리먼 다이슨(1923~)

양자역학, 고체물리학, 천문학 및 원자력 공학 분야의 연구로 유명하다. 슈뢰딩거–다이슨 방정식으로 양자역학 발전에 기여했으며, 노벨상 후보에 오르기도 했다.

물질이 왜 아래로 무너지지 않는지에 대해서는 말하면서 물질이 왜 밖으로 폭발하지 않는지에 대해서는 이야기하지 않는지 궁금할 수 있다. 답은 간단하다. 원자핵은 전자와 짝을 이루어 원자가 된다고 이미 설명했다. 남자와 여자가 짝을 이루어 무도회에서 춤을 추는 것과 같다. 그런데 간혹 이런 상황이 생길 수 있다. 짝을 이루어 춤추던 한 남자가 다른 여자와 춤추고 싶고, 또 다른 한 쌍의 커플 중 한 여자도 다른 남자와 춤추고 싶을 수 있다. 이때 서로 파트너를 바꿀 수 있다. 마찬가지로 서로 다른 원자 간에 전자와 원자핵을 공유할 수 있다. 이러한 상황에서 서로 다른 원자 사이에는 일종의 인력이 발생하는데 이를 화학결합chemical bond이라고 한다.

오른쪽 그림은 두 개의 수소 원자가 하나의 수소 분자가 되는 과정을 설명하고 있다. 수소 원자는 하나의 수소 원자핵과 하나의 전자로 구성된 한 쌍의 댄스 파트너와 같다. 두 개의 수소 원자가 아주 가까워지면 두 개의 수소 원자의 전자는 경계를 넘어 상대방의 구역으로 들어갈 수 있다. 마치 두 쌍의 남녀가 서로 파트너를 바꾸어 춤추는 일과 같다. 이렇게 두 개의 수소 원자는 화학결합의 인력으로 단단히 묶여 하나의 수소 분자를 형성한다. 이러한 화학결합의 인력 때문에 물질이 여기저기 흩어지거나 갑자기 폭발하지

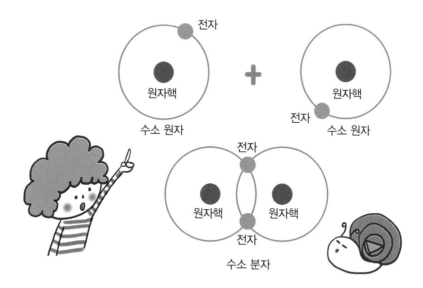

전자

원자핵

수소 원자

＋

원자핵

전자

수소 원자

전자

원자핵 원자핵

전자

수소 분자

않는다.

 이번 강의 내용을 정리해보자. 무도회에서 한 그룹의 남자와 한 그룹의 여자가 스스로 파트너를 이룬다. 각 쌍의 파트너 중 여자는 모두 다른 여자가 자신의 남자 파트너를 가로채기를 원하지 않는다. 그 때문에 일종의 반발력이 생기는데, 이것이 물질이 갑자기 안으로 꺼지지 않는 이유다. 동시에 각 쌍의 여자가 다른 남자와 춤추고 싶고, 각 쌍의 남자가 다른 여자와 춤추고 싶다면 일종의 인력이 생긴다. 물질이 갑자기 밖으로 폭발하지 않는 이유다. 이렇듯 물질은 꺼지지도 폭발하지도 않기에 안정을 유지할 수 있다.

마지막으로 다이슨 스피어Dyson Sphere에 관해 이야기해보자. 다이슨이 처음 제기한 다이슨 스피어는 에너지 발전소인 거대한 태양을 둘러싸서 태양이 보내는 모든 에너지를 전기 에너지로 전환할 수 있는 초대형 구형 구조물을 말한다. 물론 이 구조물의 기술은 매우 앞서 있어 아주 긴 시간을 들이지 않는 이상 만들어낼 수 없다. 만약 충분한 지혜와 생명력을 지닌 외계 문명이 있다면 다이슨 스피어를 만들 수 있을 것이다. 하지만 일단 만들게 되면 다이슨 스피어에 에워싸인 항성의 밝기는 현저히 줄어들게 된다. 한편 다이슨 스피어를 태양이 아닌 다른 항성에 사용한다면 그 항성의 밝기 변화를 관찰함으로써 외계 문명을 찾을 수 있다.

우리 은하

① 원자 중의 전자는 기본입자다. 점 모양인 탓에 크기가 없으므로 폭발할 수 없다. 물리학에서 모든 기본입자는 수학적으로 쪼개진 점이고, 크기도 길이도 없기 때문에 폭발할 수 없다.

② 화약은 왜 폭발할까? 아주 중요한 질문이다. 화약에 불을 붙이지 않으면 폭발하지 않는다. 화약이 폭발하는 원인은 화학반응에 있다. 화약 안에 있는 여러 다른 성분이 반응을 일으켰기 때문이다. 이러한 화학반응은 때로 반발력을 일으키기도 하는데 이때 폭발이 발생할 수 있다.

③ 고전 물리학도 당연히 유용하다. 많은 원자와 분자가 조합된 물질이 하나의 대상이 되었을 때 고전 물리학을 만족시킨다. 하지만 고전 물리학으로는 물질이 안정성을 유지하는 이유를 설명할 수 없다.

④ 진흙이 무너지는 이유는 진흙이 어느 정도 무거워지면 진흙 속 원자의 반발력이 압력저항보다 낮아지기 때문이다. 반면 진흙의 밀도가 어느 정도 커지면, 그러니까 진흙을 어느 정도 단단히 다져놓으면 그 분자와 원자 간의 반발력은 압력보다 높아진다. 이렇게 되면 함몰되지 않는다.

⑤ 모든 물리학 규칙은 실험으로 검증해 나온 것이다. 하나의 원자가 다른 원자를 스치며 지나갈 때 그 원자 속의 전자도 데려갈 수 있으며, 이때 전자를 데려갈 가능성을 계산할 수 있다. 즉 두 쌍의 댄스 파트너가 서로 스쳐 지나가면서 파트너를 바꿀 수 있는데, 이때 바꿀 가능성을 계산할 수 있다. 가령 우리가 춤추고 있는 그 사람의 마음을 알고 있다면 말이다.

⑥ 불은 하나의 개념이다. 우리가 보는 불은 사실 한 그룹의 물질이 빛을 내는 것이다. 물질을 가열한 후 그 안의 원자 중의 전자는 여기(勵起)된 상태하며 전자가 원자에서 떨어져 나오면 빛을 복사할 수 있다. 그러므로 불 자체는 물질이 아니다. 불은 물질이 빛을 내는 일종의 현상일 뿐이다. 일반적으로 불을 피운 지점 위로 타오르는 그 발광 부분을 불이라고 한다. 사실 불의 대부분은 기체다. 철 역시 빛을 낸다. 철이 빛을 내는 것은 공기가 빛을 내는 것과 같지만 습관적으로 불이라고 하지 않고 철이 빨갛게 달궈졌다고 표현하는 것일 뿐이다.

⑦ 모든 양자와 전자는 확정적인 중량이 있다. 만약 그 중량을 잴 수 있다면 두 개의 전자의 중량은 완전히 같다. 이것은 페르미가 발견한 사실이다. 모든 전자의 모습은 같으므로 구분할 수 없다. 두 개의 양자의 중량 역시 완전히 같다. 물론 원소마다 중량은 다르다. 산소 원소와 탄소 원소의 중량은 다르다. 금 원자와 은 원자의 중량 역시 다르다. 요컨대 서로 다른 모든 원소의 원자는 중량이 다르다.

⑧ 우리는 불안정하고 무거운 원자핵을 만들 수도 있다. 매우 무거운 원소는 보통 인공적으로 만들어낸다. 때로 아주 무거운 원소는 만들어진 직후 부서지기도 한다.

⑨ 전자는 원자핵 주변을 도는 안개와 같아서 영원히 원자핵과 만날 수 없다. 두 개의 원자가 가까워질 때 각 전자는 상대방의 영역에 간섭할 수는 있지만 원자핵과 부딪힐 수는 없다.

⑩ 전자 에너지가 높은 입자를 고에너지 입자라고 부른다. 중성미자가 고에너지일 때 역시 고에너지 입자다. 서로 다른 입자 간에는 서로 다른 반응이 나타날 수 있다. 한편 가장 작은(가장 가벼운) 전자는 기본입자다. 원자핵은 기본입자가 아니다. 원자핵에는 양자와 중성자가 있다. 양자와 중성자 역시 기본입자가 아니다. 양자와 중성자는 쿼크로 구성되어 있다.
물리학자들은 일반적으로 쿼크 자체가 크기가 없는 전자와 같은 기본입자라고 생각한다. 원자는 원자핵과 전자로 구성되어 있기 때문에 원자에서 전자를 분리하고 원자핵만 남길 뿐 원자핵을 나눌 수는 없다. 쿼크는 기본입자로 전자와 같이 나눌 수 없다.

⑪ 중성미자는 암흑물질이 아니라고 확정 지을 수 있다. 암흑물질은 우리가 알지 못하는 하나 혹은 여러 종류의 입자다.

⑫ 현재 우리가 일반적으로 쓰는 가속기는 모두 전자 또는 양자를 가속 화하여 사용하는 것이다. 이들은 모두 전자를 띠며, 전자를 띠지 않는 입자는 가속화할 수 없다.

⑬ 중성미자 사이에는 인력이 거의 존재하지 않아 중성미자로는 어떤 물질을 만들 수 없다. 반면 원자 사이에는 인력이 존재해 원자로 물질을 만들 수 있다.

⑭ 쿼크는 기본입자이며, 전자 역시 기본입자다. 중성미자와 광자 역시 기본입자다. 그 크기에 대해서 이야기한다면 크기가 아니라 질량을 말하는 것이다. 기본입자는 크기가 없기 때문이다.

⑮ 전자는 같은 전하를 띠고 있어 서로 반발하기 때문에 물질을 구성할 수 없다. 반드시 원자핵과 전자를 한곳에 두어야 물질을 구성할 수 있다.

⑯ 현재 가속기에서는 입자를 서로 부딪치게 하여 반물질을 만들어낼 수 있지만 대량으로 생산할 수는 없다.

⑰ 물질이 한곳에 어느 정도 축적되면 그곳에는 블랙홀이 형성되어 무너져 내린다. 우리는 블랙홀이 어떤 물질로 구성되었는지 알 수 없다. 블랙홀의 질량이 같으면 그 모양이 똑같기 때문이다.

⑱ 우리는 보통 원자보다 작은 것을 아원자sub-atomic라고 부른다. 원자핵이 아원자다. 전자, 중성미자, 기본입자도 모두 아원자다.

⑲ 격렬한 화학반응을 거치지 않는 이상 자연계에서는 일반적으로 태양보다 큰 물질만이 블랙홀을 형성할 수 있다. 천체 중 블랙홀의 질량은 10개의 태양을 합한 질량보다 크다. 과거에 인력파로 두 개의 블랙홀을 발견했다. 하나는 36개의 태양을 합한 질량이며, 다른 하나는 29개의 태양을 합한 질량이다.

⑳ 웜홀은 가상의 이론이다. 단지 한 물리학자가 상상해낸 것일 뿐 실제로는 존재하지 않는다. 웜홀은 물질이 아니라 일종의 시공간이다.

㉑ 기본입자는 크기가 없다. 이 점을 이해하기 어렵겠지만 질량이 있으므로 밀도는 무한대라고 말한다. 물리학자들은 양자역학과 상대성이론으로 기본입자를 해석해 크기가 없다는 가설을 얻어냈다. 논리적으로는 그렇다는 것이다.

㉒ 불확정성 원리는 하이젠베르크가 발견했다. 원자에서 전자의 위치는 불확정하다. 원자에서 전자의 위치를 확정하려고 할 때 이 전자는 종종 원자에 있지 않고 원자에서 튕겨 나오게 된다.

㉓ 일반 전류, 예를 들어 전선 속의 전류는 운동하는 전자로 이루어져 있다. 이러한 운동하는 전자는 어떻게 온 것일까? 전자는 전압으로 인해 자유 상태가 되어 하나의 원자핵에서 다른 원자핵으로 튀어 나

갈 수 있는데, 이것이 바로 운동하는 전자가 된다. 하지만 반도체 안에서는 다른 방식으로 전류가 발생할 수 있다. 전자가 하나 적은 원자가 운동하여 전류가 발생하게 되는 것이다.

3

양자역학은
어디에
사용될까?

제 3 강

앞서 설명했듯 양자역학과 상대성이론은 20세기 과학 분야의 가장 중요한 두 가지 성과다. 한편으로는 '양자역학이 그렇게 대단한가요? 그럼 우리의 생활과 어떤 관계가 있죠?'라는 의문이 생길 수도 있다. 이번에는 양자역학이 어떻게 활용되는지 알아보자.

양자역학의 첫 번째 응용 분야는 레이저다. 평소 레이저를 이용해 점을 빼거나 제모를 한다는 광고를 본 적이 있을 것이다. 레이저를 얼굴에 비추면 반점이 사라지고, 팔에 비추면 털이 뽑힌다. 어떻게 그럴 수 있을까? 이 원리를 설명하기 위해 부록에서 관련 실험을 소개했다.

작은 검은색 풍선이 들어 있는 흰색의 큰 풍선을 분다. 그리고 특정 레이저를 두 개의 풍선에 비추면 바깥쪽의 흰색 풍선은 그대로 있고 안에 있는 검은색 풍선만 터진다. 이는 예상했던 결과와 정반대다. 평소 경험대로라면 안에 있는 풍선은 바깥쪽 풍선의 보호를 받으니 바깥쪽 풍선이 먼저 터지고 안쪽 풍선은 나중에 터져야 한다. 그런데 왜 이런 결과가 나올까?

물질은 모두 원자로 구성되어 있다. 원자 한가운데 원자핵이 있고, 원자핵 바깥에는 고정 궤도에서 운동하는 전자가 있다. 서로 다른 궤도에서 운동하는 전자는 서로 다른 에너지를 갖는다. 대체 무슨 뜻일까? 간단한 예를 들어 이야기해보자. 우리 모두가 가방을 메고 학교에 간다고 했을 때 가방을 멘 상태로 5층까지 올라가면 힘이 든다. 가방을 메고 높은 곳까지 올라가느라 맨몸일 때보다 더 많은 에너지를 소비하기 때문이다. 그럼 10층까지 올라가면 어떨까? 더욱 힘들어진다. 가방을 메고 높이 올라갈수록 더 많은 에너지를 사용하게 되어서다.

그렇다면 소비한 에너지는 어디로 갔을까? 사실은 모두 가방의 특수한 에너지로 전환되었다. 이 특수한 에너지를 '중력에 의한 위치에너지gravitational potential energy'라고 부른다. 즉 10층의 가방은 5층의 가방보다 더 많은 에너지를 가진다. 이것은 지구상에서 로켓을 발사하는 일과 같다고 볼 수 있다. 발사할 때 소비하는 연료가

10층

5층

많을수록 로켓은 더 멀리, 원래의 에너지 역시 더 큰 궤도로 보내
진다.

원자의 세계에서도 같은 규칙을 따른다. 전자를 더 높은 궤도로
올리려면 더 많은 에너지가 필요하다. 다시 말해 더 높은 궤도에
있는 전자는 본래 더 높은 에너지를 가진다. 이 점을 이해하면 나
머지는 좀 더 수월하다. 예를 들어 풍선은 왜 어느 것은 검고 어느
것은 흴까? 두 풍선 속 전자들의 에너지가 서로 다른 궤도에 있어
서다.

레이저나 다른 모든 빛은 광자로 구성되어 있다. 1강에서 이야

기한 미세입자로 구성된다. 또한 모든 종류의 광자는 일정한 에너지를 갖는다. 태양의 빛처럼 일상생활에서 흔히 보는 빛은 수많은 광자를 포함하고 있으며, 이러한 광자의 에너지 크기는 모두 다르다. 하지만 레이저는 특별하다. 그 안의 모든 광자의 에너지는 크기가 같다. 이것이 레이저와 일반적인 빛을 구분해서 볼 수 있는 점이다.

방금 설명했듯 서로 색이 다른 풍선 속의 전자 에너지는 모두 다르다. 동시에 모든 레이저의 광자는 특정한 에너지를 가지고 있다. 레이저가 풍선을 비출 때 풍선 속의 전자 에너지와 레이저 광자의 에너지가 서로 맞지 않으면 이 종류의 레이저를 흡수할 수 없다. 반대의 경우 이 레이저를 흡수하게 된다.

똑똑한 독자들은 이미 깨달았을지 모른다. 검은색 풍선 속 전자 에너지가 바로 실험에서 사용한 레이저 광자의 에너지와 잘 맞아서 레이저를 흡수해 풍선이 터지게 되었으며, 흰색 풍선 속 전자 에너지와 레이저 광자의 에너지는 서로 맞지 않아 레이저를 흡수하지 않았기 때문에 아무 일도 일어나지 않았다는 사실을 말이다. 레이저로 점을 빼는 원리도 이 실험과 같다. 레이저를 얼굴에 비출 때 점이 없는 부분의 전자 에너지와 레이저 광자 에너지는 서로 맞지 않아 아무런 해를 끼치지 않는다. 하지만 검은 점이 있는 부분

의 전자 에너지와 레이저 광자 에너지는 서로 맞아서 레이저를 흡수하고, 레이저가 점을 파괴한다. 레이저로 제모를 하는 경우도 마찬가지다.

레이저로 점을 빼는 원리를 설명했으니, 이제 레이저 자체에 관해 생각해보자. 앞서 파울리의 배타원리를 설명했다. 원자구름 속 전자는 다른 원자 속 전자가 자신의 구름 속 궤도로 뛰어드는 것을 몹시 싫어한다. 전자는 다른 전자가 자신과 같은 상태에 머물러 있음을 싫어한다는 의미다. 하지만 레이저 속 광자의 상태는 반대다. 레이저 속 광자는 그 에너지의 크기가 모두 같고 같은 상태에 놓인다. 위 그림처럼 발레리나들이 함께 같은 동작으로 춤추는 것과 같다.

레이저는 어쩌다 이렇게 성질이 기이해졌을까? 이 질문에 처음
답한 사람은 20세기의 가장 위대한 물리학자인 아인슈타인이다.
아인슈타인의 가장 위대한 이론은 그가 1915년에 제기한 일반상
대성이론이다. 아인슈타인이 이 이론을 제기한 직후에는 지금처럼
유명하지 않았다. 당시 사람들에게는 일반상대성이론보다 뉴턴의
만유인력의 법칙이 더 익숙했기 때문이다. 아인슈타인은 1919년이
되어서야 세상에 이름을 떨치게 되었다. 그에 관한 재미있는 일화
가 있다.

일반상대성이론에는 뉴턴의 만유인력의 법칙과 다른 몇 가지
새로운 예언이 포함되어 있다. 첫 번째는 광선이 태양만큼 질량이
큰 물체를 통과할 때 인력 때문에 휘어진다는 예측이다. 아인슈타
인은 뉴턴을 뛰어넘으려면 반드시 실험을 통해 자신의 예언을 증
명해야 했다. 하지만 광선이 휘는 정도가 아주 미미했던 탓에 일
반적인 상황에서는 볼 수 없고 개기일식 때에야 겨우 확인할 수 있
었다.

아인슈타인은 힘들게 4년을 기다렸고, 마침내 초대형 개기일식
을 맞게 되었다. 1919년 일반상대성이론을 신봉했던 영국의 유명
천문학자 아서 에딩턴Arthur Stanley Eddington이 두 조의 과학 탐사대

를 꾸려 각각 아프리카와 남미에서 개기일식을 관찰했다. 관찰을 마치고 영국으로 돌아온 이들은 일반상대성이론의 예언대로 광선이 태양을 지날 때 분명 휘어졌다고 선언했다. 이 발견은 온 세상을 떠들썩하게 한 동시에 아인슈타인을 세계적인 과학자의 반열에 올려놓았다.

우습게도 상대성이론의 아버지인 아인슈타인은 이 실험으로 그가 일반상대성이론을 제대로 이해하지 못했다며 사람들에게 조롱당했다. 에딩턴이 개기일식을 관찰하던 그날 밤, 아인슈타인은 너무 긴장한 나머지 잠을 이루지 못했다. 나중에 아인슈타인이 불면증에 걸렸다는 이야기가 에딩턴의 귀에 들어갔다. 그러자 에딩턴은 "이것은 아인슈타인 자신도 상대성이론을 완전히 이해하지 못했다는 사실을 입증합니다. 만약 완벽히 이해했다면 저처럼 편안히 잠을 잤겠지요. 일반상대성이론은 전혀 틀릴 리 없으니, 걱정할 필요 없습니다. 그렇지 않다면 자애로우신 하느님께 유감스러웠을 것입니다"라고 말하며 아인슈타인을 비웃었다.

일반상대성이론이 공식적으로 발표된 지 100년째 되던 해에 아인슈타인의 예언은 다시 한번 전 세계를 뒤흔들었다. 일반상대성이론의 몇 가지 예언 중 마지막 예언, 그러니까 가장 증명하기 힘들었던 중력파 예언이 증명되었기 때문이다. 2016년 설 연휴 기간, 뉴스 한 줄이 전 세계를 발칵 뒤집어놓았다. 마침내 중력파를 발견한 것이다.

2015년 9월 14일과 12월 26일, LIGO(레이저 간섭계 중력파 천문대)는 두 차례에 걸쳐 두 개의 블랙홀이 병합하여 중력파가 발생한 현상을 관측했다. 아인슈타인의 이름이 또 한 번 전 세계에 울려퍼졌다. 한 가지 일화를 소개하면 LIGO가 중력파 탐지에 사용한 핵심 기술 중 하나가 바로 앞서 설명한 레이저다. 레이저의 발생 원리 역시 공교롭게도 아인슈타인 본인이 제기했다.

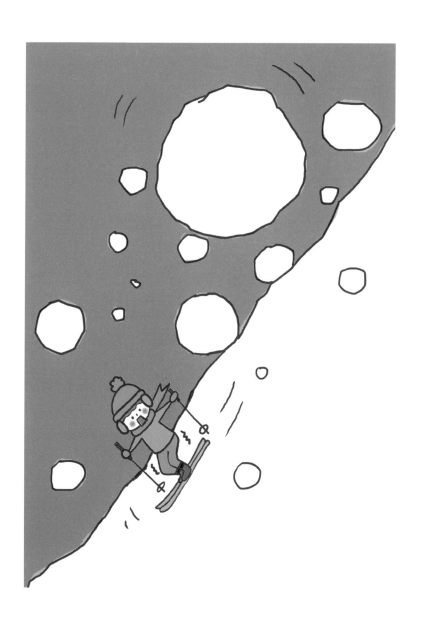

레이저가 발생하는 과정은 눈사태와 비슷하다. 눈사태는 어떻게 발생할까? 설산의 산비탈에는 항상 눈이 쌓여 있다. 외부 요인으로 한 층의 작은 눈덩이가 굴러 떨어지면 아래층 눈도 합쳐져 미끄러져 내려간다. 그리고 그 눈의 영향으로 더 아래층에 있는 눈까지 합쳐지며 미끄러져 내려가게 된다. 이렇게 한 층 한 층 아래로 미끄러져 내리면서 연쇄반응이 일어나고, 마침내 거대한 눈사태로 변하는 것이다.

원자의 눈사태는 어떤 모습일까? 앞에서 가방을 메고 각각 5층과 10층을 오른다고 하면 비교적 5층을 올라갈 때 소모하는 에너지는 적고, 10층을 올라갈 때 소모하는 에너지는 많다고 설명했다. 이와 유사하게 전자를 낮은 궤도로 보내는 데 소모하는 에너지는 적고, 높은 궤도로 보내는 데 소모하는 에너지는 많다. 즉 높은 궤도의 전자는 낮은 궤도의 전자보다 더 많은 에너지를 갖는다. 분명 전자가 높은 궤도에서 낮은 궤도로 갈 때 에너지도 적어질 것이다. 그럼 이 줄어든 에너지는 어디로 갔을까? 하나하나의 광자로 변해간다. 물리학에서는 이러한 광자 방출 과정을 '복사'라고 한다.

1917년 아인슈타인은 이 복사 과정을 유도할 수 있다는 사실을 발견했다. 하나의 광자를 원자에 넣으면 원자 중의 전자를 높은 궤도에서 낮은 궤도로 유도할 수 있으며, 동시에 첫 번째 광자와 에너지가 같은 새로운 광자가 방출된다는 사실도 발견했다. 이러한 과정을 유도방출이라고 한다. 하나의 광자를 원자에 넣으면 모양이 같은 두 개의 광자가 튀어나온다. 두 개의 광자를 다시 두 개의 새로운 원자에 넣으면 똑같은 4개의 광자가 튀어나온다. 이 과정을 반복하면 일종의 원자 눈사태 효과가 나타나고 수많은 광자가 만들어진다. 그리고 모든 광자는 앞에서 본 여러 발레리나가 모두 같

찰스 타운스(1915~2015)
'레이저 광선의 아버지'로 일컬어진다. 메이저 레이저를 발명한 공로로 소련의 N.G. 바소프, A.M. 프로호로프와 노벨 물리학상을 공동 수상했다.

은 동작으로 춤을 추듯 같은 에너지를 가진다. 이렇게 탄생한 것이 바로 레이저다.

아인슈타인이 레이저에 관한 이론을 세운 때는 1917년이다. 이후 30년이 지난 시기, 1950년대 초에야 찰스 타운스Charles Towns 가 레이저를 발명했다. 타운스는 재미있는 사람이었다. 그는 젊은 시절 이론 연구에 몰두하며 캘리포니아 이공대학원 물리학과에 진학했다. 그러던 어느 날 시력이 나빠져 병원에 갔는데, 의사는 시력이 좋지 않아 수학 공식을 보기도 어려울 테니 이론 연구는 아예 포기하라고 조언했다. "공식조차 제대로 볼 수 없는데 어떻게 이론 연구를 할 수 있겠소? 차라리 실험을 하시오." 타운스는 의사의 조언을 따라 그 길로 이론 연구를 그만두고 실험을 하기 시작했다. 그는 실험을 통해 레이저를 발명했고 마침내 노벨 물리학상까지 수상했다.

양자역학을 응용한 두 번째 사물은 반도체다. 예전에는 대학 입학시험을 보거나 대학에서 영어 시험을 볼 때, 영어 능력 시험을 볼 때도 트랜지스터 라디오를 사용했다. 현재 반도체는 우리 생활에 광범위하게 응용된다. 휴대폰, TV, 컴퓨터 속의 핵심 부품 모두가 반도체를 사용한다.

그럼 반도체란 무엇일까? 원자 속에는 전자가 있다. 일정 조건

속에서 전자는 원자핵의 속박을 벗어날 수 있으며, 어떤 소재 속에서는 자유 운동을 하고 전류를 형성한다. 운동하는 전자를 한 대의 작은 자동차로, 전자가 달리는 소재를 도로라고 생각해보자. 전류가 큰지 작은지, 다시 말해 자동차가 빠르게 혹은 느리게 달릴지는 모두 도로의 상태에 달려 있다.

어떤 소재는 도로 상태가 좋다. 자동차가 빨리 달릴 수 있고 어떤 방해도 받지 않는다. 이러한 소재를 '도체'라고 한다. 구리, 알루미늄, 철 등 대부분의 금속이 도체다. 이와 달리 어떤 소재는 도로 상태가 엉망이고 장애물이 깔려 있어 개미 한 마리 지나갈 틈도 없이 꽉 막혀 있다. 전자가 달릴 수 없는 이러한 소재를 '절연체'라고 한다. 도자기, 고무, 유리는 모두 절연체다.

하지만 어떤 특수한 소재는 아주 특이하다. 도로에 장애물이 많아 일반 자동차는 꽉 막혀 갈 수가 없는데, 온도를 높이는 것처럼 외부 조건을 조금 변화시키면 자동차가 잘 지나간다. 이러한 특수 소재를 반도체라고 한다.

어째서 이런 괴상한 일이 벌어질까? 그 이유도 양자역학에서 찾아볼 수 있다. 앞에서 설명했듯 양자역학은 병사들에게 초능력을

발휘하도록 할 수 있고, 언제든지 베이징과 톈진 사이의 어느 곳에라도 나타나게 할 수 있다. 이것이 바로 멀리 떨어진 다른 대열의 병사와 부딪히는 이유다. 마찬가지로 양자역학은 자동차가 초능력을 발휘하도록 해 장애물을 만났을 때 배트맨처럼 날아다니게 한다. 이것이 꽉 막힌 도로에서 쌩쌩 달릴 수 있는 이유다. 주목할 점은 일정 조건을 만족하는 반도체 도로의 자동차만이 초능력을 가질 수 있다는 점이다. 절연체 도로 위의 자동차에게는 불가능한 일이다.

반도체의 특성을 이용하면 다양하고 쓸모 있는 전자 소자를 만들 수 있다. 가장 중요한 것이 다이오드와 트랜지스터다. 다이오드는 매우 특별한 성질이 있다. 한쪽 방향으로 전압을 인가하면 전류가 발생하고, 반대 방향으로 전압을 인가하면 전류가 발생하지 않는다는 점이다. 마치 도심의 일방통행로와 같다. 한쪽 방향으로만 차를 몰 수 있고 다른 방향으로는 갈 수 없다. 다이오드는 어디에 활용할 수 있을까? 다이오드는 회로에서 스위치의 역할을 한다.

모두 잘 알고 있는 LED Light emitting diode. 발광 다이오드는 3명의 일본인이 발명했다. 이들은 2014년 노벨 물리학상을 받았다. LED등은 바로 발광 다이오드로 만든 것이다.

특수하면서도 빛을 낼 수 있는 다이오드인 LED의 장점은 무엇일까? 첫째, 과거의 백열등보다 발광 효율이 훨씬 높아 에너지를 절약할 수 있다. 이케아IKEA 등 여러 브랜드가 판매하는 전등은 대부분 LED로 만든 것이다. 둘째, 수명이 백열등보다 10배나 길다. 이러한 장점 덕분에 사람들은 LED가 미래에 가장 많이 쓰이는 광원이 될 것이라고 믿는다.

어떤 종류의 전자 소자는 앞서 설명한 다이오드와 약간 다르다. 다이오드에는 2개의 단자가 있는데, 어떤 전자 소자에는 3개의 단자가 있다. 이러한 전자 소자를 트라이오드 또는 트랜지스터라고 부른다. 트랜지스터는 전류를 증폭하면서 스위치의 역할도 할 수 있다. 1947년에 벨 연구소의 물리학자 3명이 트랜지스터를 발명했고, 이 공로로 노벨 물리학상을 수상했다.

다음 세 과학자의 사진이 있다. 왼쪽부터 윌리엄 쇼클리William Shockley, 존 바딘John Bardeen, 월터 브래튼Walter Brattain이다. 이들 가운데 가장 유명한 인물은 쇼클리다. 벨 연구소에서 일하며 트랜지스터를 발명한 쇼클리와 관련된 이야기가 있다.

1955년 백만장자를 꿈꾸던 쇼클리는 벨 연구소를 나와 캘리포니아에서 회사를 차렸다. 그가 발을 디딘 곳이 지금의 실리콘밸리다. 알다시피 실리콘밸리는 첨단 기술의 성지고, 미국의 유명 테크놀로지 회사는 거의 모두 이곳에 본사를 두고 있다. 빌 게이츠나

스티브 잡스 같은 거물급 인사 역시 실리콘밸리에서 성장했다. 하지만 당시 실리콘밸리는 별로 알려지지 않은 작은 지방 도시에 불과했기 때문에 쇼클리의 회사는 별 대단할 게 없는 평범한 회사였다. 알려지지 않은 작은 도시였던 실리콘밸리가 어떻게 불과 몇 년 사이에 세계 최고의 하이테크 중심지가 되었을까? 가장 중요한 이유 중 하나가 바로 쇼클리였다.

쇼클리는 대단한 물리학자인 동시에 사업가였다. 1955년 그는 실리콘밸리에 쇼클리주식회사를 설립하여 트랜지스터의 상업화를 추진했다. 트랜지스터는 20세기의 가장 중요한 기술 혁신 중 하나였기에 사업의 전망은 무궁무진하다고 해도 과언이 아니었다. 그

윌리엄 쇼클리(1910~1989)　　존 바딘(1908~1991)　　월터 브래튼(1902~1987)

세 사람은 반도체를 연구하고 현재 컴퓨터의 출발점이 되는 트랜지스터를 개발한 공로로 노벨 물리학상을 공동 수상했다.

로써 수많은 젊은 물리학자와 엔지니어들이 쇼클리의 명성을 듣고 원대한 사업에 동참하기 위해 실리콘밸리를 찾았다. 쇼클리 주변에는 곧 미국의 전자 분야에서 손꼽히는 많은 인재들이 모여들었다. 이 우수한 인재 중에는 재능이 특출한 8명의 청년이 있었다. 하지만 이 8명의 청년은 훗날 쇼클리를 배반하게 된다. 그 이유는 조금 후에 알아보도록 하자.

1956년 쇼클리는 또 한 번 노벨 물리학상을 수상했다. 두 번째 노벨상 수상은 그의 명성을 최고로 끌어올렸다. 순풍에 돛을 단 듯 모든 일이 뜻대로 풀리는 듯했다. 모든 일이 순조롭게 진행될 것 같았던 그때 그 주위에는 위험이 도사리고 있었다. 쇼클리는 과학 분야에서는 천재였지만 세상 물정에는 어두웠다. 요즘 말로 하면 감성지수EQ가 낮았다고 할 수 있겠다. 〈빅뱅이론The big bang theory〉이라는 미국 코미디 드라마가 있다. 이 드라마의 셸든 쿠퍼라는 주인공이 바로 IQ는 높지만 EQ는 낮은 전형적인 예다. 쇼클리는 쿠퍼 같은 인물이었다. 더욱 안타까운 것은 그가 기업의 경영은 전혀 몰랐다는 사실이다. 실리콘밸리의 한 사장이 "쇼클리는 기업 경영에 관해서는 폐품에 가깝다"라고 말할 정도였다.

하지만 자신의 단점을 전혀 인식하지 못했던 쇼클리는 제멋대로에 유아독존이었다. 하루는 쇼클리와 여비서가 실험실에서 압정에 손을 찔린 적이 있었다. 쇼클리는 이 일을 두고 누군가 자신을 해치려는 음모를 꾸민다고 생각해 사설탐정까지 고용했다. 직원들은 울며 겨자 먹기로 거짓말탐지기 조사까지 받았으니 얼마나 우스운 일인가?

또 한 번은 쇼클리가 굉장히 중요한 투자자였던 아놀드 벡맨 Arnold Beckman과 회의를 하다가 회사의 연구개발 비용을 어떻게 조정할지를 두고 이야기를 나누게 되었다. 쇼클리는 갑자기 화를 내며 벡맨에게 "내 회사니 당연히 내가 결정하겠소. 내 관리 방식이 마음에 들지 않다면 갈라서면 되지 않소!"라고 말했다. 결국 둘은 갈라서 곧바로 각자의 길을 가게 되었다.

문제는 당시 쇼클리의 회사 재정이 좋지 않았다는 점이다. 쇼클리는 야심이 대단해서 아주 적은 생산 비용을 들여 이정표가 될 만한 트랜지스터 제품을 발명하고 싶어 했다. 안타깝게도 그의 생각은 너무 앞서갔고, 그가 만들고 싶어 했던 트랜지스터는 30년 가까이 지난 후에야 발명되었다. 쇼클리의 회사는 이런 제품을 계속 만들어내지 못했다. 일부 직원들이 비용을 줄이면 작은 트랜지스터를 만들 수 있으니 작은 트랜지스터 몇 개를 합쳐보자고 쇼클리에게 제안했다. 이것이 바로 오늘날 우리에게 친숙한 집적회로다. 하지만 쇼클리는 자신만이 옳고 똑똑하다고 생각했기에 다른 사람의 제안을 받아들이지 않았다. 쇼클리를 따르던 청년들은 이런 그의 태도에 실망했다.

1957년에 유명한 사건이 발생한다. 쇼클리 회사의 핵심 직원들이 단체로 회사를 떠나게 된 것이다. 이 일은 실리콘밸리의 역사에서 '8인의 반역자들' 사건으로 유명하다. 그들은 촬영기자재 회사 대표의 후원을 받아 페어차일드Fairchild라는 새 회사를 설립했다. 페어차일드는 2년 만에 집적회로 연구에 성공해 전 전자업계 나아가 전 세계를 바꾸어놓았다. 더 중요한 것은 페어차일드가 '실리콘밸리의 웨스트포인트(사관학교)'라는 별명이 손색없을 정도로 수천 수만 명의 기술 인재와 회사 경영 인재들을 배출했다는 점이다.

이 8인이 회사를 떠난 뒤 쇼클리의 회사는 다시 일어서지 못했다. 1960년 쇼클리는 어쩔 수 없이 회사를 팔고 스탠퍼드대학의 교수가 되었다. 쇼클리는 나이가 들어서까지 변하지 않았다. 그는 논문에서 흑인의 IQ가 백인보다 평균 20퍼센트 정도 떨어진다고 지적했다. 그의 발언은 즉시 미국 사회를 뒤흔들었고, 분노한 흑인 학생이 쇼클리의 초상화에 불을 지르기도 했다. 이렇게까지 분노를 유발한 노벨 물리학상 수상자는 없었다.

페어차일드반도체도 오래가지는 못했다. 8인의 반역자들은 본사 사장과의 갈등으로 또다시 페어차일드를 나와 새로운 회사를

설립했다. 애플의 스티브 잡스는 "페어차일드는 마치 민들레 씨앗처럼 한 번 불면 창업의 씨앗이 여기저기 퍼지는 것 같다"라고 말하기도 했다.

8인의 반역자들 중 특히 유명한 인물은 고든 무어Gordon Moore다. 무어는 페어차일드를 떠난 후 반도체 칩 생산 전문 회사를 설립했다. 그 이름도 유명한 인텔Intel이다. 오늘날 대부분의 휴대폰과 컴퓨터의 반도체 칩은 인텔에서 생산한다.

무어는 인텔의 공동 창업자이기도 하지만 '무어의 법칙'으로 더 유명하다. 가격이 변하지 않는다는 전제하에 2년마다 반도체 칩의 트랜지스터 개수가 두 배로 증가한다는 것이 무어의 법칙이다. 이

고든 무어(1929~)와 로버트 노이스(1927~1990)
두 사람은 페어차일드 반도체와 인텔을 공동 설립한 창립자다.

말은 칩 하나의 성능이 2년마다 2배로 증가한다는 뜻이다. 50년이 지난 지금 최신 반도체 칩은 최초의 집적회로와 비교하면 성능이 2억 배 증가했다.

무어의 법칙은 오늘날 겨우 손바닥만 한 아이폰 한 대의 전산 성능이 어떻게 1960년대 미국이 달을 탐사할 당시 사용했던 전체 전산 자원보다 뛰어날 수 있는지를 설명해준다. 무어의 법칙이 없었다면 윈도우Windows, 아이폰iPhone, 유튜브YouTube, 큐큐QQ, 위챗

WeChat도 없었을 것이고, 오늘날 우리는 날마다 새로운 정보로 넘치는 시대에 살 수도 없었다.

현재 가장 작은 칩의 크기는 10나노미터, 즉 1미터의 1억 분의 1이다. 이런 발전 속도대로라면 2030년에는 트랜지스터가 원자만큼 작아질 수도 있다. 그때가 되면 1강에서 설명했던 불확정성 원리를 적용해 이러한 트랜지스터의 운용에 직접 간섭해야 할 수도 있다. 아니, 어쩌면 2030년에는 반도체 칩의 발전이 완전히 멈출 수도 있다.

지금까지 양자역학의 두 가지 응용 분야인 레이저와 반도체에 관해 이야기했다. 레이저와 반도체가 우리 생활에 등장한 지는 이미 오래되었다. 이제부터는 양자역학의 응용이지만 우리의 현실 세계에 아직 나타나지 않은 환상적인 양자전송Quantum teleportation에 관해 이야기하려 한다.

우리는 주위에서 흔히 복사기를 볼 수 있다. 사진이나 글씨가 가득한 종이를 복사기에 대면 똑같은 글씨나 그림이 인쇄된 종이가 출력된다. 거시 세계 또는 고전 세계에서는 어떤 물건이든 복사할 수 있다. 집, 자동차, 비행기, 인체 기관도 3D 복사 기술을 이용하면 똑같이 복제 가능하다. 다시 말해 고전 세계에서 우리는 원재료만 준비하고 한 물체의 정보 모두를 이 원재료에 복사하면 똑같은 물건을 만들어낼 수 있다.

하지만 미시적 세계 또는 양자 세계에서는 달라진다. 1982년에 3명의 물리학자가 '양자의 복제 불가능성'이라는 중요한 사실을 발견했다. 양자의 복제 불가능성 때문에 미시적 세계에서는 복제가 불가능하지만 전송은 가능하다. 다시 말해 양자 세계에서 아주 작은 한 물체의 정보를 원재료에 복사하여 똑같은 물체를 만들 수 있다. 다만 고전 세계와 다른 점은 원래의 물체가 파괴된다는 점이다. 하나의 물체가 원래의 위치에서 갑자기 사라지고 다른 장소에 똑같은 물체가 나타나게 된다.

이론적으로 인류는 양자전송기를 만들 수 있다. 기계 안으로 들어가 기계를 가동하면 원래의 여러분은 한 줌의 재로 변한다. 동시에 다른 별에 이 기계와 세트를 이루는 기계가 있다면, 그곳에 있는 물질이 여러분의 모든 정보를 받아 여러분의 모습으로 변하게 된다. 만약 양자전송 기술을 정복하면 판타지 영화에 나올 법한 공간 이동이 가능해진다.

〈스타 트렉Star trek〉이라는 영화에 이런 장면이 나온다. 커크 선장과 그의 부하가 방으로 들어갔는데 한 줄기 빛이 비추자 그들은 사라진다. 그리고 다른 곳에서 그들이 나타난다. 이 과정이 바로 전형적인 양자전송이다. 양자전송기가 그들을 순식간에 다른 곳으로 보낸 것이다.

역사상 최고의 흥행을 기록한 판타지 영화 〈아바타Avatar〉에는 사람의 몸이 아니라 영혼을 전송하는 장면이 나온다. 관처럼 생긴 양자전송기를 이용해 남자 주인공의 영혼이 아바타의 몸으로 전송되고, 이 남자는 마비된 육체에서 벗어나 판도라 행성에서 자유롭게 돌아다닐 수 있게 된다. 그리고 판도라 행성의 원주민들은 그들만의 방법으로 남자 주인공의 영혼이 영원히 아바타의 몸에 남을 수 있도록 돕는다.

양자전송은 이미 현실이 되었다. 1993년 6명의 물리학자가 양자 얽힘Quantum entanglement을 이용해 양자전송을 실현할 방법을 고안해냈다. 이 방법은 매우 심오하므로 여기서는 설명하지 않겠다. 1997년 오스트리아의 물리학자들이 양자 얽힘을 이용하여 처음으로 양자전송을 실현했다. 그들이 전송한 물체는 아주 단순한 것, 하나의 광자였다. 전송 거리도 일반 실험실의 폭으로 매우 짧았다. 20년의 발전을 거쳐 현재 인류가 고안한 양자전송은 그 거리가 최대 340킬로미터까지 늘어났다. 이것은 중국 우한武漢에서 창사長沙까지의 거리다. 다시 말해 광자를 우한에 있는 양자전송기에 넣으면 시공을 초월하여 눈 깜짝할 사이에 340킬로미터나 떨어진 창사에 모습을 나타낸다는 것이다.

하지만 좋아하기에는 아직 이르다. 현재 인류가 한 번에 전송할 수 있는 광자의 수는 최대 12만 8,000개에 불과하기 때문이다. 사람을 전송하려면 얼마나 오래 기다려야 할까? 인체에 포함된 원자의 수를 헤아려 계산해보자.

알다시피 인체의 주요 성분은 물이다. 어린 아이의 신체는 70퍼센트의 물로 구성되어 있다. 어른의 경우는 60퍼센트다. 계산을 간단히 하기 위해 인체의 100퍼센트가 물로 구성되어 있다고 가정해보자. 이렇게 계산하면 양적으로는 정확하다. 물은 물 분자로 구성되어 있다. 하나의 물 분자에는 두 개의 수소 원자와 하나의 산소 원자가 포함되어 있다. 다시 말해 3개의 원자가 있다. 이 계산에 따르면 몸무게 70킬로그램인 한 사람의 인체는 대략 70^{19}억 개의 원자로 구성되어 있다. 이 숫자는 도대체 얼마만큼 클까? 간단히 설명하면 은하계에서 속도가 가장 빠른 빛이 그 끝에서 끝까지 가는 데 10만 년이 걸린다. 하지만 우리가 1미터의 70^{19}억 분의 1인 작은 친구를 찾아 그 머리와 머리를 맞대고 발과 발을 맞대 줄을 세우면 은하계를 200만 번이나 돌 수 있다.

현재 인류가 한 번에 전송할 수 있는 광자는 최대 12만 8,000개라고 했지만 사람의 몸에는 70^{19}억 개의 원자가 있다. 그러므로 현재의 과학기술로는 사람의 순간이동은커녕 상자 하나를 순간이동시키기도 터무니없는 일이다. 누군가 양자전송으로 상자 같은 무언가를 보냈다고 하면 그것은 분명 거짓말이다.

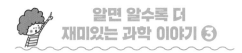

① 광자와 원자는 왜 있을까? 물리학자들도 아직 이 질문에 답하지 못하고 있다. 우리는 이 세계에 원자와 광자가 존재한다는 사실만 알 뿐이다. 광자가 있어서 이 세상에는 색깔이 존재한다. 광자는 전자파의 최소 구성 성분이다. 현실 세계의 많은 분야에서 전자파를 응용하고 있다. 원자가 있어서 지구, 행성, 태양, 이 세상을 구성하는 많은 물질이 있고 인류가 존재한다. 어쩌면 광자와 원자는 다른 세계에는 없고 오직 우리가 사는 이곳에만 존재할지도 모른다.

② 우리의 뇌는 양자 컴퓨터가 아닐까? 우리의 의식은 양자 계산의 산물이 아닐까? 이 문제는 4강에서 자세히 알아보자. 만약 그렇다면 양자전송을 통해 인류를 전송할 때 그 대상은 우리의 대뇌와 의식이 될 수도 있다.

③ 최후의 자원은 물질과 반물질이다. 하지만 빨라야 200년 후에야 이러한 자원을 이용할 수 있다. 빠르면 100년 안에 인류는 제어열핵융합을 대략 실현할 수 있다. 그때가 되면 지구에서 인공 태양을 만들 수 있다.

④ 만약 인류의 뇌가 양자 컴퓨터고 한 사람의 뇌를 다른 장소로 전송할 수 있다면 그곳에 나타나는 사람은 반드시 원래의 사람이어야 한다. 양자의 복제 불가능성에 따라 원래의 사람은 소멸되고 다른 장소에 나타나게 된다.

⑤ 두 개의 레이저를 한곳에 비추면 기본적으로 아무런 반응도 일어나지 않는다. 서로 통과할 뿐이다. 하지만 그 밝기를 최고로 올리면 두 레이저 간에 반응이 나타날 수 있다.

⑥ 다이오드는 단순한 스위치에 해당하지만, 트랜지스터는 신호를 증폭시킬 수 있다. 집적회로에서 신호를 증폭하는 기능은 매우 중요하기에 그만큼 트랜지스터가 중요하다.

⑦ 양자전송은 타임머신의 기능까지는 미치지 못하므로 우리를 과거로 보내줄 수는 없다.

⑧ 영구기관永久機關은 실현 불가능하다. 고전적인 원리나 양자 원리 등 어느 것을 적용해도 실현할 수 없다.

⑨ 원자핵이 충돌할 때 대부분의 경우 아무 일도 발생하지 않지만 간혹 핵융합이 발생할 수 있다. 제어핵융합은 계속 융합을 일으키지만 격렬한 폭발을 일으키지는 않는다. 태양이 연소하는 과정은 제어핵융합이 아니라 격렬하게 폭발하는 융합이다. 하지만 태양은 50억 년 동안이나 계속 연소할 수 있다.

⑩ 반물질과 물질이 소멸하여 생성되는 에너지는 효율이 매우 높고 핵융합의 효율은 낮다. 하지만 반물질을 만들기는 매우 어렵다.

⑪ 인텔의 반도체 칩은 분자 차원보다 높은 구조에서 제조되며 레이저로 노광한다. 인류는 아직까지 원자핵 칩을 제조하는 수준에 이르지 못했다. 어쩌면 원자핵을 이용해 칩을 만드는 날이 올 수도 있다. 그때가 되면 칩은 이미 지금의 칩이 아니라 양자 칩이라고 불러야 할 것이다.

⑫ 보통 태양보다 10배 이상 큰 항성이 마지막까지 연소하면 핵융합은 멈춘다. 혹은 핵융합은 항성의 막대한 만유인력을 지탱하지 못하고 계속 작아져 마지막에는 블랙홀로 변할 수 있다.

⑬ 어떤 사람은 가속기가 미세한 블랙홀을 만들 수 있다고 말한다. 가능하기는 하다. 다만 지금은 불가능할 뿐이다. 물리학자들은 고차원 공간이 존재한다면 작은 블랙홀을 만들 수 있다는 것을 발견했다. 하지만 고차원 세계가 존재하지 않는다면 불가능하다.

⑭ 항성계는 항성의 집합체다. 그러므로 항성계 안에 몇 개의 항성이 있는지 말할 수 있다. 우리 지구가 속한 은하계 안에는 최소 2천억 개의 항성이 있고, 그중 절반 정도는 빛을 낸다. 이 빛을 내는 항성은 우리의 태양과 비슷하다.

⑮ 초음속 비행기를 만들기 전에 비행기 조종사의 느낌이 어떨지 알 수 없었던 것처럼, 양자전송이 실현되기 전까지는 사람이 전송될 때의 느낌을 알 수 없다.

⑯ 양자전송은 하나의 물체를 다른 장소에 옮겨놓는다. 새로운 물체는 원래의 물체와 완전히 똑같다. 전송되는 사람을 바꿀 수는 없을까? 가능하다. 하지만 그것은 전송이 완전히 이루어진 이후의 일이다.

⑰ 전자제품을 포함한 모든 물질 안에는 원자핵이 존재한다. 하지만 전자제품은 원자핵을 이용하지는 않는다.

⑱ 블랙홀은 특별한 외형이 없다. 모든 블랙홀의 외형은 그 질량과 회전에 따라 결정된다. 질량과 회전이 결정된 이후의 모든 블랙홀은 생김새가 똑같다.

⑲ 인간을 원자핵보다 1조 배 더 작게 축소하면 하나의 블랙홀을 만들 수 있다. 물론 이렇게 되면 인간은 이미 생물이 아닌 존재가 된다.

⑳ 미래는 우리가 상상조차 할 수 없는 세계가 될 것이다. 첫째, 200년 후 반물질 우주선을 만들 수 있을 것이다. 둘째, 100년 후 양자 컴퓨터를 만들 수 있을 것이다. 어쩌면 50년 후 현재 세계에 있는 모든 컴퓨터를 합해도 그 연산 능력을 따라가지 못하는 손톱 크기의 양자 컴퓨터를 만들 수 있을지도 모른다.

㉑ 우리 인간은 인간의 주요 양자 상태를 복사한 것이다. 그 결과는 인간의 운동 상태와는 아무런 관계가 없다. 인간의 대뇌와 근육으로 구성된 부분만 복사했기 때문이다. 근육 구조와 대뇌 구조를 복사한 것은 우리를 복사한 것이나 다름없다. 운동과는 아무 관계가 없다. 오늘 밤 잠들 때와 내일 아침 일어날 때는 분명 다르다. 구체적으로는 다르지만 근육과 대뇌의 구조와 구성 성분은 같은 것이다.

㉒ 중국 SF 소설 『삼체三體』에는 신비한 무기 이향박二向箔이 태양계를 2차원 세계로 바꾸는 장관이 등장한다. 현재의 물리학 이론에 따르면 이 세상 어느 것도 2차원 세계로 갈 수 없다.

㉓ 원자 가운데에는 원자핵이 있다. 원자핵과 원자가 같이 있을 때 원자핵은 원자의 전자를 가져가기도 하고, 원자 가운데 원자핵과 반응을 일으키기도 한다. 구체적으로는 이 원자핵이 원자와 얼마나 가까운지에 따라 다르다.

4

양자 컴퓨터와
인류의 뇌

제 4 강

앞서 3강에서는 양자역학이 오늘날 우리의 생활 곳곳에 응용되고 있다고 이야기했다. 더 나아가 '양자역학이 우리 생활에 널리 쓰인다고 하던데 미래에도 여전히 유용할까요?'라고 물을 수도 있다. 이 질문에 대답하기 위해 독자들이 잘 아는 컴퓨터로 이야기를 시작하려 한다.

우리는 이제 컴퓨터가 없는 삶은 상상할 수 없다. 데스크톱이나 노트북, 스마트폰도 본질은 모두 컴퓨터다. 그렇다면 과연 컴퓨터가 어떻게 작동하는지, 그 작동 원리도 잘 알고 있을까?

사실 컴퓨터는 만두 만드는 기계와 비슷하다. 이 기계는 크게 두 부분으로 나뉜다. 한 부분은 물건을 두는 곳이다. 여기에 밀가루, 물, 채소, 고기 등의 재료를 넣는다. 다른 한 부분은 테이블인데, 여기서 재료를 가공하고 처리한다. 만두소를 만들고, 밀가루를 반죽하고, 만두피를 만들거나 만두를 빚는 등의 일이 진행된다.

컴퓨터의 구조도 이와 비슷하다. 컴퓨터에는 기억 장치라는 부분이 있다. 기억 장치의 일종인 하드디스크는 물건을 두는 곳과 비슷한 기능을 한다. 이곳은 여러 가지 데이터를 저장한다. 또 중앙처리장치CPU라는 부분이 있다. 이 부분은 만두 기계의 테이블과 비슷한 역할을 한다. 즉 기억 장치의 데이터를 처리한다.

기억 장치나 CPU 모두 컴퓨터의 하드웨어다. 컴퓨터를 제대로 활용하려면 또 무엇이 있어야 할까? 컴퓨터에 명령을 내리는 명령어 집합인 소프트웨어가 필요하다. 만두소를 만들거나 반죽을 하거나 만두피를 만들고 만두를 빚는 일은 만두 기계에 대한 명령어의 집합으로 실현된다.

컴퓨터에는 많은 명령어 집합이 있다. 그중 가장 간단한 명령이 덧셈이다. 뺄셈과 곱셈, 나눗셈 역시 모두 덧셈으로 실현 가능하다. 예를 들어 곱셈은 덧셈의 누적이다. 1×2는 $1+1$, 1×3은 $1+1+1$과 같다. 뺄셈과 나눗셈은 덧셈과 곱셈을 거꾸로 한 것이다. 컴퓨터는 사칙연산을 통해 방정식 또는 미적분을 풀거나 그림을 그리고 영상을 재생하는 등 더 복잡한 일도 할 수 있다. 즉 컴퓨터의 핵심 작동 원리는 아주 간단한 덧셈 연산에 있다. 아무리 복잡한 컴퓨터 명령도 모두 덧셈에 근거를 둔다.

덧셈을 하기 전, 먼저 핵심적인 문제를 해결해야 한다. 컴퓨터 안의 소자를 이용해 숫자를 표현해야 한다. 이 말을 이상하게 생각하는 독자도 있을 것이다. '숫자로 표현하는 것 자체가 간단하지 않나요? 0, 1, 2, 3, 4, 5, 6, 7, 8, 9로 표현하면 될 텐데…' 하지만 그렇지 않다.

우리는 평소 계산할 때 십진법을 사용한다. 즉 0, 1, 2, 3, 4, 5, 6, 7, 8, 9라는 10개의 숫자를 사용한다. 9에 1을 더하면 10이 되고, 10이 되면 한 자릿수로는 표현할 수 없고 두 자릿수로 표현해야 한다. 그러니까 앞의 10의 자릿수가 1이 되고 뒤의 1의 자릿수가 0이 된다. 어느 자릿수라도 10이 되면 앞의 자릿수가 커지므로 이를 십진법이라고 한다.

하지만 컴퓨터는 십진법을 사용할 수 없다. 왜 그럴까? 0부터 9까지의 숫자를 표현하려면 반드시 10가지 서로 다른 전자 소자를 만들거나 전자 소자의 10가지 서로 다른 상태를 찾아야 한다.

십진법을 사용할 수 없다면 어떻게 해야 할까? 과학자들은 묘책을 내놓았다. 십진법을 이진법으로 바꾸는 것이다. 이진법은 1의 자릿수가 0 아니면 1이다. 3이 되면 앞의 자릿수가 늘어난다. 이진법에서의 2는 10으로 표현할 수 있다. 그렇다면 3은? 11, 그러므로 1의 자릿수의 0은 1이 된다. 4부터는 두 자릿수로는 표현할 수 없으니 다시 한 자릿수가 늘어나야 한다. 맨 앞자리 수는 1이 되고 뒤의 숫자는 모두 0이 된다. 따라서 이진법에서 4는 100으로 표현한다. 이처럼 2가 되면 앞의 자릿수가 늘어가는 계산법을 이용하면 0과 1만을 사용해 모든 정수를 표현할 수 있다. 이것이 이진법이다.

컴퓨터에서 이진법을 사용하면 십진법을 사용하는 것보다 훨씬 간단하다. 이진법의 두 숫자 0과 1을 표현하려면 전자 소자의 2가지 상태만 찾으면 된다. 앞에서 반도체 다이오드는 회로에서 스위치 역할을 한다고 했다. 다이오드에는 '닫힘' 상태와 '열림' 상태가 존재하는데, 닫힘은 0을 의미하고, 열림은 1을 의미한다. 컴퓨터에서는 이렇게 이진법의 숫자를 표시할 수 있다. 길게 늘어선 다이오드는 매우 큰 숫자까지 나타낼 수 있으며 여러 줄의 다이오드는 많은 숫자를 나타낼 수 있다. 즉 다이오드는 데이터를 저장할 수 있으며, 이것이 앞서 말한 기억 장치다.

더 재미있는 사실은 다이오드가 데이터 저장뿐만 아니라 수의 연산까지도 돕는다는 것이다. 하나의 길이 있다고 하자. 그 길 위에는 두 개의 문이 있다. 닫힘은 0을, 열림은 1을 표시한다. 두 개

의 문이 모두 닫혀 있다면 이 길을 갈 수 없다. 수학에서 0×0은 0과 같다. 만약 한쪽 문이 닫혀 있고, 다른 한쪽 문이 열려 있다고 해도 이 길은 막혀 있는 것이다. 0×1은 0, 1×0은 0인 것과 같다. 만약 문이 모두 열려 있다면 길이 통하게 된다. 1×1은 1과 같다. 그러므로 다이오드의 스위칭 상태를 아주 쉽게 곱셈 연산으로 나타낼 수 있다. 하나의 회로에 여러 다이오드가 집적되어 있다면 숫자를 연산할 수 있다는 말이다. 이것이 CPU다.

 컴퓨터의 두 핵심 부분인 기억 장치와 CPU가 반도체 다이오드로 만들어졌다는 사실을 우리는 알고 있다. 양자역학의 중요한 활용 중 하나가 바로 다이오드 만들기다. 그러므로 양자역학이 없다면 컴퓨터도 있을 수 없다.

컴퓨터의 작동 원리를 알아보았으니 이제 컴퓨터가 발전해온 역사를 살펴보자. 인류가 컴퓨터를 발명하는 과정에서 가장 중요한 역할을 한 인물은 '컴퓨터의 아버지'라고 불리는 앨런 튜링Alan Turing이다.

세상에는 많은 종류의 상이 있다. 영화배우나 감독에게는 세계

앨런 튜링(1912~1954)
'컴퓨터의 아버지'로 유명하다. 현대 컴퓨터의 전신이 되는 '보편 튜링기계'에 대한 이론 체계를 만들었다.

최대의 영화상인 오스카상이 주어지고, 가수나 작곡가, 작사가에게는 그래미상이 수여된다. 퓰리처상 수상은 신문기자나 편집자에게 가문의 영광을 뛰어넘는 의미가 있다. 기초과학자나 경제학자에게는 여러분도 잘 아는 노벨상이 주어진다. 그렇다면 컴퓨터 전문가에게는 어떤 상이 주어질까? 바로 튜링상이 주어진다. 이 상은 튜링을 기념하기 위해 만들어진 상이다.

튜링은 인류 역사상 가장 전설적인 과학자 중 한 사람으로 알려졌다. 그는 컴퓨터라는 학문 분야를 만들어 '컴퓨터의 아버지'라는 별칭을 얻었다. 그가 밝힌 컴퓨터는 사람처럼 생각할 수 있어 '인공지능의 아버지'라고도 불린다. 그는 또한 수학, 물리학, 화학, 생물학, 논리학, 암호학 심지어 철학 분야에도 크게 공헌했다. 하지만 여기서는 튜링의 학술적 성과보다는 그와 관련된 재미있는 이야기를 들려주려고 한다.

튜링은 케임브리지대학에 다닐 때 꽃가루 알레르기를 심하게 앓았다. 약을 먹으면 계속 잠이 와서 연구에 지장이 생길 수 있어 약은 먹지 않았다. 그 대안으로 해마다 꽃피는 봄이 오면 꽃가루를 막기 위해 방독면을 썼다. 또한 그는 항상 낡은 자전거를 타고 수업을 받으러 다녔는데, 자전거가 워낙 낡아 체인이 자주 빠지곤 했다. 하지만 튜링은 그리 개의치 않았다. 다만 자전거 페달을 몇 바퀴 돌리면 체인이 빠지는지를 관찰했다. 그 후 자전거를 탈 때마다 페달을 몇 바퀴 돌렸는지 헤아렸다가 체인이 빠지려는 찰나에 페달을 뒤로 밟아 한 바퀴 돌리고는 다시 앞으로 달렸다. 그래서 해마다 봄이 되면 케임브리지의 교수와 학생들은 방독면을 쓴 기인이 낡은 자전거를 타고 가다 서다 하는 장면을 볼 수 있었다.

제2차 세계대전 당시 독일군의 비행기들은 시도 때도 없이 영국 런던을 폭격했다. 영국인들은 두려움에 떨며 은행의 돈을 찾아 모두 집 안에 보관했다. 하지만 튜링은 예외였다. 그는 모든 돈을 두

개의 큰 은괴로 바꾸고 은밀한 곳에 묻어두었다. 보물지도까지 그려 전쟁이 끝나면 다시 은괴를 찾으려 했다. 그런데 독일군의 무차별 폭격 탓에 보물지도에 그린 건물이 모두 사라지고 말았다. 그는 많은 노력을 기울였지만 은괴를 숨겨놓은 곳을 찾지 못했다. 이에 굽히지 않고 튜링은 금속탐지기를 만들어 보물을 숨겨두었던 곳 주변을 샅샅이 뒤졌다. 그러나 결국 자신이 묻은 은괴를 찾지 못했다.

튜링은 우리 삶에 큰 공헌을 했지만 그의 생애 마지막 여정은 순탄하지 않았다. 튜링은 동성애자였는데, 당시 영국에서 동성애는 범죄 행위였다. 1952년 그는 19세의 한 청년을 사랑하게 되었다. 품행이 불량했던 이 청년은 튜링의 집에서 많은 재물을 훔쳐 달아나 튜링의 신고로 경찰에 체포되었다. 그런데 심문 과정에서 동성애 사실이 발각되었고 튜링은 법원에서 유죄 판결을 받았다. 법관은 그에게 둘 중 하나를 선택하도록 했다. 하나는 감옥에 가는 것이고, 다른 하나는 동성애에 대한 강제 치료를 받는 것이었다. 감옥에 수감되면 연구가 지연될 것이라고 판단한 튜링은 어쩔 수 없이 후자를 선택했다. 강제로 화학적 거세를 당한 그는 여성 호르몬 주사를 맞아야 했고, 그 때문에 너무나 수치스럽고 고통스러워했다. 1954년 치욕을 견디지 못한 튜링은 스스로 목숨을 끊었다.

에니악 컴퓨터

그는 백설공주처럼 독이 든 사과를 베어 물었다. 24세에 컴퓨터 설계를 구상해낸 천재는 41세라는 한창 나이에 세상을 떠나고 말았다.

인류 역사상 첫 번째 범용 컴퓨터는 1946년에 미국이 만든 에니악ENIAC이다. 길이가 30미터, 폭 6미터, 높이가 2.4미터나 되었다. 호화 주택 크기의 이 컴퓨터 안에는 1만 7,468개의 진공관과 7,200개의 다이오드, 1,500개의 중계기, 7만 개의 저항, 1만 개의 캐패시터, 6,000개의 스위치가 있었으며, 총 중량은 31톤에 달했다.

에니악은 1초에 5,000번의 덧셈 또는 400번의 곱셈을 할 수 있었다. 현재의 컴퓨터 중 가장 느린 컴퓨터와 비교해도 상당히 느린 속도지만 당시에는 가장 선진적인 계산 도구였다. 1시간에 150킬로와트를 소모해 에너지 소모도 많은 컴퓨터였다. 150킬로와트는 어느 정도일까? 75대의 벽걸이형 에어컨을 한 시간 동안 가동했을 때의 총 에너지 소모량에 해당한다. 제조 비용은 48만 달러였는데, 당시 500킬로그램의 황금을 살 수 있는 금액이었다.

컴퓨터의 발전 역사를 간단히 살펴보자. 제1세대 컴퓨터는 진공관 컴퓨터라고 한다. 진공관을 사용해서 붙은 이름이다. 1946년부터 1957년까지는 진공관 컴퓨터의 시대였다. 이 컴퓨터는 크고 무거웠으며 연산 속도도 느렸고 제조 비용도 터무니없이 비쌌다.

제2세대 컴퓨터는 트랜지스터 컴퓨터다. 앞에서 설명했듯 트랜지스터는 벨 연구소의 물리학자 3명이 발명했다. 트랜지스터 컴퓨터의 시대는 1958년부터 1964년까지다. 제1세대 컴퓨터와 비교하여 연산 속도는 매우 빨라졌고 제조 비용도 많이 줄었다.

제3세대 컴퓨터는 중소 규격의 집적회로로 만든 것이다. 집적회로는 실리콘밸리의 '8인의 반역자들'이 만들었음을 기억할 것이다. 1965년부터 1970년까지가 이 컴퓨터의 시대였다. 내가 대학을 졸업할 때까지도 중국 국내에 이 컴퓨터를 사용하는 사람이 있었다. 당시 우리는 이 컴퓨터를 천공기라고 불렀다. 데이터를 입력하기

트랜지스터 컴퓨터

위해 먼저 종이에 많은 구멍을 뚫고 그 종이를 컴퓨터에 넣어야 기계가 읽을 수 있었기 때문이다.

제4세대 컴퓨터는 대규모 및 초대규모 집적회로를 이용해 만든 것이다. 1971년 이후 보급되었다. 내가 1980년대 중반에 중국을 떠날 당시 사용하던 컴퓨터가 바로 제4세대 컴퓨터다. 이 컴퓨터는 구멍 뚫린 종이가 아니라 자기 디스크 판을 읽는 형태였다.

독자들은 현재 우리가 사용하는 데스크톱 컴퓨터에 익숙할 것이다. 지금의 컴퓨터는 예전의 컴퓨터보다 훨씬 작아졌지만 연산 능력은 놀라울 만큼 발전했다. 예를 들어 지금의 일반 개인용 컴퓨

터의 계산 능력은 1960년대 미국항공우주국NASA에서 우주 비행사를 달로 보낼 때 사용한 컴퓨터의 성능을 모두 합한 것보다 높다.

중국 중산대학이 관리하는 '텐허天河 2호'는 한때 계산 속도가 세계에서 가장 빠른 슈퍼컴퓨터였다. 계산 속도는 최고 초당 3경 3862조 회에 달한다. 텐허 2호가 1초 동안 계산할 수 있는 양은 모든 중국인이 컴퓨터로 400일 동안 계산해야 하는 양과 같다. 현재 텐허 2호에는 많은 프로세서가 운영되고 있다. 우리가 조직한 일부 과학 연구 작업 역시 텐허 2호에서 진행했다.

지금까지 소개한 컴퓨터는 모두 고전 컴퓨터에 속한다. 왜 고전 컴퓨터라고 부를까? 컴퓨터의 핵심 부품은 모두 양자역학을 이용해 만들었지만 그 원리는 고전역학에 의해 작동하기 때문이다. 이제 양자 컴퓨터를 소개하려고 한다. 이 컴퓨터의 작동 원리는 양자역학에 근거한다. 사실 양자 컴퓨터는 아직 초보적인 단계에 머물러 있다. 인류가 쉽게 사용할 수 있는 양자 컴퓨터를 만들려면 아직 갈 길이 멀다.

범용 컴퓨터는 덧셈, 뺄셈, 곱셈, 나눗셈이 가능할 뿐만 아니라 사진을 보여주거나 음악을 전달하고 동영상을 재생하는 등 여러 가지 일을 할 수 있다. 양자 컴퓨터가 이용하는 양자역학의 원리를 설명하기 전에 고전 범용 컴퓨터의 가장 기본적인 기능이 무엇인지 생각해보자.

앞서 설명했듯 고전 컴퓨터는 핵심 부분인 저장 장치와 CPU를 포함한다. 가장 기본적인 부품은 모두 다이오드다. 다이오드의 주요 기능은 열림과 닫힘이다. 열림과 닫힘은 각각 '옳음'과 '틀림'으로 해석할 수 있다. 고전 컴퓨터의 가장 기본적인 기능은 옳음과 틀림을 판단하는 것이다. 고전적인 다이오드는 100퍼센트 맞거나 100퍼센트 틀리다. 그 외에는 불가능하다.

양자 컴퓨터는 이와 다르다. 1강에서 불확정성 원리에 대해 설명했다. 미시적 입자는 어디에나 나타날 수 있고 동시에 다른 장소에 나타날 수 있다. 이와 비슷하게 하나의 양자 컴퓨터의 부품은 열림 상태일 수도 있고, 동시에 닫힘 상태일 수도 있다. 예를 들어 50퍼센트는 열리고 50퍼센트는 닫혀 있거나, 30퍼센트는 열리고 70퍼센트는 닫혀 있을 수 있다. 혹은 45.5퍼센트는 열리고 54.5퍼센트는 닫혀 있을 수 있다. 모두 합해서 100퍼센트가 된다. 물론 이는 우리의 일상생활 경험과는 완전히 다르다. 하지만 양자역학에서는 이것이 바로 세계의 본래 모습이다.

이처럼 기이한 상태는 '슈뢰딩거의 고양이'와 비슷하다. 슈뢰딩거의 고양이란 도대체 무엇일까? 눈앞에 잘 밀봉된 상자가 있다고 가정하자. 그 안에는 살아 있는 고양이가 들어 있다. 상자 안에는 독이 가득 든 유리병도 함께 들어 있다. 유리병 위에는 망치와 방사성원소가 든 장치가 놓여 있다. 방사성원소는 불안정한 원자핵과 같아서 언제든지 붕괴할 수도 있고, 계속 붕괴하지 않을 수도 있다. 방사성원소가 붕괴하면 망치가 떨어져 병을 깨트리고 독가스가 방출되어 고양이는 죽고 만다. 만약 방사성원소가 붕괴하지 않으면 망치는 떨어지지 않고 고양이도 죽지 않는다.

따라서 고양이가 죽고 사는 것은 방사성원소가 붕괴하느냐 붕괴하지 않느냐에 달려 있다. 또한 방사성원소가 붕괴하느냐 붕괴하지 않느냐는 양자역학에 달려 있다. 즉 붕괴할 가능성은 50퍼센트, 붕괴하지 않을 가능성도 50퍼센트다. 고양이가 50퍼센트는 죽고 50퍼센

트는 살아 있다는 의미다. 상자를 열기 전에는 고양이의 생사를 확인할 수 없다. 상자를 열기 전까지 고양이는 50퍼센트는 살아 있고, 50퍼센트는 죽어 있는 일종의 중첩 상태에 놓이게 된다. 바로 우리가 좀 전에 이야기한 양자 스위치에 해당한다. 열려 있으면서 동시에 닫혀 있기도 한 것이다.

양자역학과 우리의 일상생활을 교묘하게 연결한 이 실험은 오스트리아의 물리학자 에르빈 슈뢰딩거 Erwin Schrödinger 가 고안했다. 그는 앞서 설명한 하이젠베르크와 함께 양자역학의 창시자로 꼽힌다.

슈뢰딩거는 초등학교를 다니지 않고 바로 중학교에 입학할 정도로 총명했다. 중학교에서는 공부의 신으로 유명했다. 선생님은 자신이 풀지 못하는 문제가 있으면 슈뢰딩거에게 앞으로 나와 풀게 할 정도였다. 훗날 슈뢰딩거는 물리학자가 되었지만 생물학에도 관심이 많아서 『생명이란 무엇인가 What is life?』라는 책도 썼다. 이 책에서 그는 물리학의 시각에서 복잡한 생명 현상을 해석하여 매우 큰 파장을 일으켰다. 노벨상을 수상한 6명의 학자가 자신들에게 노벨상을 안겨준 연구는 이 책에서 영감을 얻은 것이라고 말했다.

슈뢰딩거는 양자역학의 핵심적인 방정식인 슈뢰딩거의 방정식 (파동 방정식)을 발표하여 1933년에 노벨 물리학상을 수상했다. 물리학

에르빈 슈뢰딩거(1887~1961)
양자역학의 핵심적 업적으로 평가되는 슈
뢰딩거 방정식을 도입했다. 원자이론의
새로운 형식을 발견한 공로로 노벨 물리
학상을 받았다.

자들은 슈뢰딩거 방정식을 통해 양자 세계에서 입자는 동시에 여
러 장소에 존재할 수 있다는 것을 발견했다.

슈뢰딩거의 고양이는 50퍼센트는 살아 있고 50퍼센트는 죽은
중첩의 상태에 있다. 그 근원이 바로 여기에 있다. 이를 양자역학
의 '코펜하겐 해석'이라고 한다. 코펜하겐 해석이라고 부르는 이유
는 코펜하겐대학의 보어가 이러한 관점을 가진 과학자들의 수장이

었기 때문이다. 재미있게도 이 물리적 관점이 상당히 불가사의했기에 슈뢰딩거는 훗날 돌연 그 반대 진영에 가담했다. 이 점은 아인슈타인과도 매우 비슷했다.

아인슈타인은 광전효과를 발견하여 1921년 노벨 물리학상을 받았고 양자론의 선구자로 이름을 알렸지만 코펜하겐 해석은 거부했다. 그러고는 "신은 주사위 놀이를 하지 않는다"는 명언을 남겼다. 슈뢰딩거도 마찬가지였다. 그는 코펜하겐 해석에 반대하기 위해 슈뢰딩거의 고양이라는 실험을 고안했다. 그는 본래 이 실험을 통해 양자역학의 황당무계함을 지적하려 했다. 그런데 뜻밖에 슈뢰딩거의 고양이는 코펜하겐 해석을 오히려 전파하는 역할을 하게 되었다.

양자 컴퓨터의 주요 부품은 열림과 닫힘이 중첩되는 상태로 있을 수 있는 신기한 스위치다. 이 스위치는 어떻게 양자 컴퓨터를 그토록 대단하게 만들 수 있는 걸까?

다음 그림은 시작점이 위에 있고 도착점이 아래에 있는 미로다. 갈림길에 설 때마다 우리는 두 가지 길 중 한쪽을 선택할 수 있다. 그중 하나는 통하는 길이고, 다른 하나는 막힌 길이다. 통함은 열린 것이고, 막힘은 닫혀 있다는 뜻이다. 일반적으로 미로를 통과하려면 많은 시간이 필요하다. 길을 하나씩 가봐야 어느 길이 통하고

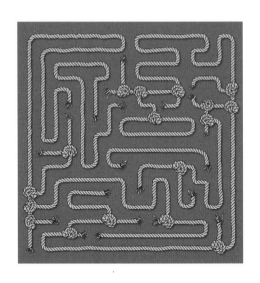

막혀 있는지 알 수 있기 때문이다.

　하지만 이 미로가 양자라면 이야기는 달라진다. 갈림길에 부딪히면 통하는 길을 선택할 50퍼센트의 기회를 갖는다. 다음 갈림길에서 또다시 통하는 길을 선택할 50퍼센트의 기회를 갖게 된다. 이렇게 계속 통하는 길을 찾을 수 있다. 일정한 시간 안에 미로의 모든 길을 동시에 갈 수 있다는 말이다. 그러므로 양자 미로를 통과하기가 고전 미로를 통과하기보다 훨씬 빠르다. 한 번에 길을 통과할 수 있어서다. 이것이 양자 컴퓨터가 고전 컴퓨터보다 빠른 이유다.

아래 사진은 양자 컴퓨터의 개념을 처음으로 제시한 미국의 물리학자 리처드 파인만Richard Feynman이다. 초등학생도 재미있게 읽을 만한 『파인만 씨, 농담도 잘하시네Surely You're Joking, Mr. Feynman』라는 그의 전기를 추천한다.

파인만에 관한 재미있는 이야기는 손에 꼽을 수 없을 만큼 많다. 드럼 치는 것을 좋아했던 그는 브라질의 한 밴드에 들어가 공부한 적이 있다. 미국으로 돌아온 후에는 예술가 단체에 들어가 상당

리처드 파인만(1918~1988)
아인슈타인과 함께 20세기 최고의 물리학자로 일컬어진다. 양자전기역학을 만들고 다이어그램을 창안했으며, 여러 물리학 저작들을 통해 과학의 대중화에 힘썼다.

한 규모의 음악 대회에 참가하기도 했다. 파인만이 소속된 밴드는 경쟁자를 하나씩 물리치고 준우승을 차지했다. 하지만 밴드의 단장은 만족하지 못하고 심사위원을 찾아가 왜 자기 밴드가 우승하지 못했느냐고 따졌다. 그러자 심사위원은 "당신 팀의 드러머는 형편 없소"라고 말했다.

아주 유명한 천재였던 파인만은 여가 시간을 이용해 친구와 함께 전기도금 회사를 차렸다. 이 회사의 직원은 3명뿐이었는데, 한 명은 재무를, 다른 한 명은 영업을, 그리고 파인만은 연구개발을

담당했다. 그들은 아주 그럴듯한 신제품을 만들어 대규모 국제 전시장에 들고 나가 큰 호응을 얻었다. 몇 년이 지나고 파인만이 한 영국 전기도금 회사 사장을 만나 그 전시회에서 큰 인기를 끌었던 자기 회사의 제품에 대해 이야기하게 되었다. 파인만은 그 영국인 사장에게 물었다. "그 제품을 만든 회사의 연구개발 직원이 몇 명인 줄 아십니까?" 그러자 그는 "아마 100명쯤 되겠지요"라고 대답했다. 파인만은 웃으며 말했다. "아닙니다. 딱 한 명입니다. 그 사람이 바로 당신 앞에 앉아 있는 사람입니다."

하지만 파인만 같은 천재도 다른 사람에게 웃음거리가 될 때가 있었다. 한번은 그가 강철 줄자에 손을 베었는데 마침 지나가던 물리학자 로버트 오펜하이머 Robert Oppenheimer 는 다친 손을 거들떠보지도 않고 "잡는 방법이 틀렸소"라고 말하며 핀잔을 주었다. 그러고는 파인만 앞에서 강철 줄자를 잡는 방법을 직접 보여줬다. 그 동작이 매우 자연스럽고 매끈해 파인만은 홀린 듯 지켜보았다. 그후 2주 동안 파인만은 어디를 가든지 늘 손에 줄자를 쥐고 연습했고, 두 손은 상처투성이가 되었다. 파인만은 결국 오펜하이머를 찾아가 물었다. "어떻게 해야 손을 다치지 않습니까?" 오펜하이머는 그때 어떤 계산을 하고 있었는데, 고개도 들지 않은 채 대답했다. "내가 아프지 않다고 누가 말합니까?"

양자 컴퓨터와 고전 컴퓨터의 가장 핵심적인 차이는 양자 컴퓨터의 기본 부품인 스위치가 열린 상태이면서 동시에 닫힌 상태라는 점이다. 0과 1이라는 두 개의 숫자를 동시에 표시할 수 있다. 이러한 양자 스위치를 양자 비트라고 한다.

일반 컴퓨터와 양자 컴퓨터의 계산 능력이 얼마나 다른지 살펴보자. 하나의 고전 스위치가 저장할 수 있는 숫자는 0 또는 1뿐이다. 하나를 저장하면 다시 또 다른 하나를 저장할 수 없다. 하나의 고전 스위치는 한 번에 한 개의 숫자만 표시할 수 있다. 하지만 양자 스위치는 50퍼센트의 확률로 0을 저장하거나 1을 저장한다. 하나를 저장한 후에도 다시 다른 하나를 저장할 수 있다. 이 말은 하나의 양자 스위치가 한 번에 0과 1이라는 두 개의 숫자를 동시에 표시할 수 있다는 뜻이다.

두 개의 고전 스위치는 한 번에 한 개의 숫자만 표시할 수 있다. 하지만 두 개의 양자 스위치는 한 번에 00, 01, 10, 11이라는 4개의 숫자를 표시할 수 있다. 스위치 수량이 증가해도 고전 시스템이 한 번에 표시하는 숫자는 여전히 하나지만 양자 시스템에서 한 번에 표시하는 숫자는 지수의 방식으로 급속히 증가한다. 이 증가 속도는 얼마나 빠를까? 예를 들어 양자 스위치가 20개 있다면 한 번에 표시하는 숫자는 100만 개가 넘는다. 양자 컴퓨터의 계산 능력은 이처럼 대단하다.

　인류는 아직 진정한 의미의 범용 양자 컴퓨터를 만들어내지 못했지만 언젠가는 제작에 성공할 것이다. 그렇다면 양자 컴퓨터는 세계에 어떠한 영향을 미치게 될까? 한 가지 분명한 사실은 현재 우리가 사용하는 비밀번호, 즉 메일함, 큐큐00, 은행 카드 등의 모든 비밀번호가 더 이상 안전하지 않게 된다. 암호 해독 과정은 수학 문제를 푸는 것과 같다. 문제가 어렵다면 톈허 2호와 같은 슈퍼 컴퓨터를 사용해도 수백 년이 걸린다. 그러므로 고전 시스템에서 우리의 비밀번호는 아직까지 안전하다.

하지만 양자 컴퓨터를 사용한다면 몇 초 만에 수학 문제를 뚝딱 풀 수 있다. 비밀번호는 자연히 해독될 수 있게 된다. 하지만 독자들이 걱정할 필요는 없다. 진짜 양자 컴퓨터가 등장할 때쯤 과학자들은 양자 컴퓨터로 새로운 암호를 만들어내고 이 새 암호는 풀리지 않을 것이다.

이제 마지막 주제까지 왔다. 바로 인간의 뇌다. 인류의 대뇌는 우리가 현재 알고 있는 우주에서 구조가 가장 복잡하다. 뇌과학 연구 결과에 따르면 인류의 대뇌는 컴퓨터와 매우 유사하다고 한다. 뇌에도 저장 장치와 CPU가 있다. 저장 장치는 우리의 기억을 돕고, CPU는 사고를 돕는다. 그렇다면 뇌의 가장 기본적인 단위, 스

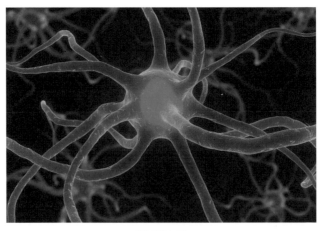

하나의 뉴런

위치는 무엇일까? 신경세포인 뉴런Neuron이다.

  왼쪽 사진은 하나의 뉴런이다. 뉴런의 중간은 마치 복잡한 스위치 같고, 바깥쪽은 여러 가닥의 전선이 연결된 것 같다.

  아래 사진은 몇 개의 뉴런이 연결된 모양이다. 매우 복잡하게 뒤엉켜 있어 마치 소규모 집적회로와 같다.

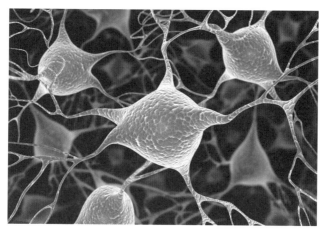

서로 연결된 몇 개의 뉴런들

  그렇다면 인간의 뇌에는 얼마나 많은 뉴런이 있을까? 그 수만 대략 860억 개에 달한다. 두뇌의 뉴런과 뇌세포의 분포를 살펴보면 초대규모 집적회로만큼이나 복잡한 것을 확인할 수 있다.

뉴런은 에너지를 방출한다. 수많은 뉴런이 동시에 에너지를 방출한다면 밖으로 뇌파를 복사하게 될 것이다.

아래의 그림은 과학자들이 측정한 뇌파의 일상적 형태다.

우리는 방금 인간의 대뇌가 컴퓨터와 얼마나 비슷한지 확인했다. 그렇다면 이것은 고전 컴퓨터일까 양자 컴퓨터일까? 다시 말해 뉴런은 일반 다이오드를 닮은 걸까, 아니면 신비한 양자 스위치를 닮은 걸까? 이 문제의 답은 아직 찾는 중이다. 영국의 유명한 수리물리학자 로저 펜로즈Roger Penrose는 인류의 대뇌가 분명 양자 컴퓨터라고 확신했다.

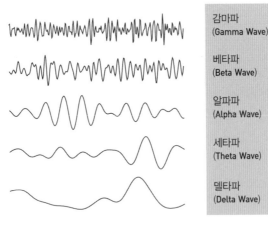

감마파
(Gamma Wave)

베타파
(Beta Wave)

알파파
(Alpha Wave)

세타파
(Theta Wave)

델타파
(Delta Wave)

뇌파의 일상적 형태

로저 펜로즈(1931~)

펜로즈의 삼각형으로 유명하며, 스티븐 호킹과의 공동 연구로 우주론 정립에 기여했다.

스티븐 호킹의 『시간의 역사 A Brief History of Time』라는 책을 봤다면 펜로즈가 낯설지 않을 것이다. 옥스퍼드대학 교수였던 펜로즈는 스티븐 호킹과 함께 '특이점 정리'를 제기했다. 하루는 그가 네덜란드 암스테르담에서 열린 국제 수학자대회에 참석하던 중 현지의 전시회를 방문했다. 그는 네덜란드 화가의 작품을 감상하다가 그림이 모두 현실에서는 볼 수 없는 기이한 건축물이라는 사실을 발견하고 그 그림에 빠졌다. 영국으로 돌아온 후 그는 황당한 도형을 그리기 시작했다. 펜로즈의 아버지 역시 유명한 과학자였는데, 그도 이 그림에 감명을 받아 아들과 함께 존재할 수 없는 건축물을 그리기 시작했다. 훗날 이 부자는 자신들의 작품을 심리학 잡지에 소개했다. 이들의 그림 중「펜로즈의 계단」은 큰 반향을 일으켰다.

「펜로즈의 계단」은 계단을 따라 계속 올라가면 마지막에 다시 출발점으로 돌아온다는 점에서 특이하다. 계속 위로 올라가는 계단을 걷고 있는데 사실은 원래 있던 곳에서 계속 돌고 있던 것이다. 이후 많은 예술 작품이 이 신비한 도형을 응용했다. 영화〈인셉션incep-tion〉은 두 장면에서「펜로즈의 계단」을 사용했다.

펜로즈는 인간의 뉴런에 많은 미세소관이 존재한다고 생각했

다. 미세소관은 일종의 단백질로 구성된 아주 가는 관이다. 미세입자와 유사한 이 미세소관 역시 양자역학을 따른다. 미세소관은 일종의 양자 스위치여서 열림과 닫힘 두 개의 상태로 동시에 존재할 수 있다. 펜로즈는 양자 컴퓨터가 문제의 여러 답을 동시에 탐색할 수 있으며, 미로 속의 여러 길을 동시에 찾는 것처럼 뇌의 일부 특수한 능력을 해석할 수 있다고 주장했다. 하지만 이후 연구를 통해 미세소관은 이러한 양자역학을 만족하는 상태를 유지하기 어려워 곧 고전 물체로 퇴화한다는 사실이 입증되었다. 훗날 사람들은 이 이론의 가능성은 요정이 마법의 가루를 뿌리는 것만큼이나 희박하다고 펜로즈를 비웃었다.

최근 미국 캘리포니아대학의 매슈 피셔Matthew Fisher라는 물리학자가 인간의 뇌에서 양자 스위치 역할을 하는 물질을 발견했는데, 그것이 인燐 원자라고 밝혔다. 뇌세포를 체액에 담그면 인산칼슘 분자가 생긴다. 인 원자를 함유하고 있어 이 분자도 양자 스위치의 역할을 할 수 있다고 한다. 더 중요한 것은 펜로즈의 미세소관과 달리 이 인산칼슘 분자는 오랫동안 양자역학을 만족하는 상태를 유지한다는 점이다. 만약 피셔의 주장이 맞다면 인간의 뇌에는 분명 양자 스위치가 존재한다. 다시 말해 우리의 대뇌는 양자 컴퓨터라는 말과 같다.

나는 얼마 전 모런 서프Moran Cerf라는 인지과학자를 만났다. 그는 중국의 이그노벨Ig Nobel상으로 불리는 제5회 파인애플 과학상 대회에서 파인애플상을 받고 항저우杭州에서 강연을 했다. 강연 후 주최 측에서 나와 대담하는 시간을 마련했다. 나는 그에게 이렇게 물었다. "인간의 뇌가 정말 양자 컴퓨터라고 생각하십니까?" 그는 이렇게 답변했다. "아주 복잡한 사물이 등장할 때마다 우리는 인간의 뇌와 닮았다고 말합니다. 예를 들면 처음으로 인터넷이 등장했을 때도 인터넷과 뇌가 닮았다고 이야기했습니다. 양자 컴퓨터가 등장하자 우리는 또 인간의 뇌와 닮았다고 이야기합니다. 만약 또 다시 이보다 더 복잡한 사물이 등장한다면 우리는 역시 '인간의 뇌와 닮았다'고 말할 것입니다." 그러니 인간의 뇌야말로 세상에서 가장 오묘한 것이라고 말할 수 있다.

알면 알수록 더
재미있는 과학 이야기 ④

① 나도 인간의 뇌가 매우 복잡하다고 생각하며, 내 질문에 대한 서프의 대답에 동의한다. 인간의 뇌는 우리가 지금까지 발명한 그 무엇보다 복잡하다. 만약 양자 컴퓨터를 발명한다면 그것은 분명 인간의 뇌와 비슷할 것이다. 자연계에서 딱 하나만 이용할 수 있다면 인류는 분명 뇌를 이용할 것이다.

② 우리는 우리의 결정이 자신의 의지에서 나온다고 생각한다. 하지만 어떤 사람들은 우리의 결정이 사실은 우리가 받고 있는 영향에서 나온다고 말한다. 이것이 유명한 자유의지의 난제다. 우리는 자유의지가 있다고 믿는다. 양자역학은 불확정하기에 우리의 결정을 확정할 수 없어 나는 우리가 자유의지를 가진다고 믿는다. 어쩌면 다행인지 모른다. 이렇게 되면 우리의 미래 가능성에 더 많은 선택의 기회가 주어지기 때문이다.

③ 인류의 대뇌는 소우주과 같다. 인간의 대뇌는 하나의 네트워크로 연결할 수 있으므로 어떤 의미에서는 우주보다 복잡하다고 할 수 있다. 그렇지만 우주의 항성계와 항성계 사이를 반드시 연결할 필요는 없다.

④ 인류의 대뇌에는 시상視床이라는 부분이 있다. 시상은 원시적인 뇌다. 원시 동물의 뇌는 두려움, 기쁨 등과 같이 더 원시적인 정서를 기억한다고 한다. 원시적이지만 시상은 매우 중요한 역할을 한다. 누군가 큰 도로를 걸을 때 하늘도 땅도 두려워하지 않는다면 그는 십중팔구 시상이 없는 사람이다. 농담이다.

⑤ 인류의 대뇌는 차원이 다양한데 그중 가장 발달한 것은 바로 대뇌피질이다. 대뇌피질은 오늘날까지 진화해오면서 매우 복잡해졌다. 나는 서프에게 꿈을 꾸는 동물이 있는지를 물었다. 그는 모든 동물이 꿈을 꾸는 것은 아니며, 원숭이가 꿈을 꿀 수는 있지만 인간처럼 많이 꾸거나 복잡한 꿈을 꾸지는 않는다고 했다.

⑥ 중국의 유명 과학자 궈광찬郭光燦은 40년 후 인류가 범용 양자 컴퓨터를 사용하게 될 것이며, 그때가 되면 양자 컴퓨터는 현재의 스마트폰처럼 전 세계를 휩쓸 것이라고 예언했다. 나는 양자 컴퓨터가 없다면 진정한 의미의 인공지능도 없다고 생각한다. 진정한 의미의 인공지능은 인간처럼 감정을 가지고 모호한 판단을 할 수 있다. 반드시 양자 컴퓨터를 사용해야만 하는 많은 일들이 생겨날 것이다.

⑦ 양자 컴퓨터의 기능은 엄청나다. 우주 전체를 시뮬레이션하고 싶다면 양자 컴퓨터를 사용해야 한다. 양자 컴퓨터는 소위 양자 비트를 이용한다. 이는 많은 원자, 원자핵의 가장 원시적인 상태다. 자연계

에는 이러한 물체가 어마어마하게 존재한다. 그러므로 엄청나게 큰 다이오드가 아니라 원자핵과 광자를 이용해야 한다.

⑧ 일반 컴퓨터의 부품은 분명 양자 비트가 아니다. 다이오드의 상태는 고전적이고 확정적으로 열림 아니면 닫힘의 상태를 표시한다.

⑨ 인류의 논리 사고는 순수한 속도에서 말하자면 당연히 톈허 2호를 따르지 못한다. 하지만 인류의 사고방식은 일반 컴퓨터와 다르다. 그러므로 순수한 속도로 비교하는 것은 의미가 없다. 일반 컴퓨터에 하나의 명령을 내리면 컴퓨터는 확정적인 결과를 보여주지만 인류는 그렇지 않다. 누군가 당신의 지령에 어떻게 답할지를 판단하는 것은 쉽지 않다.

⑩ 양자 컴퓨터를 인간의 뇌와 같이 변화시키려면 매우 복잡하게 만들어야 가능하다. 인류의 대뇌에는 약 860억 개의 뉴런이 있다. 유용한 기계를 만들기 위해서 얼마만큼의 양자 비트가 필요한지 상상할 수 있을 것이다.

⑪ 인간의 뇌를 양자 컴퓨터로 본다면 인류 사회 전체는 여러 대의 양자 컴퓨터를 연결한 프리미엄 양자 컴퓨터라고 할 수 있다. 인류의 대뇌가 정말 양자 컴퓨터라 하더라도 우리는 다른 양자 컴퓨터를 만들어 낼 수는 없다. 기능이 막강한 양자 컴퓨터를 만들려면 인류의 모든 힘을 합쳐야 한다.

⑫ 범용 양자 컴퓨터는 사실 크기가 클 필요는 없다. 150개의 양자 비트만 있어도 이미 엄청나다. 그 특징은 덧셈이든 뺄셈이든 무슨 일이든지 할 수 있다는 것이다. 아마 수십 개의 양자 비트로도 충분할 것이다.

⑬ 일단 양자 컴퓨터가 생겨나면 인간 의식의 업로드가 가능해진다. 그렇게 되면 인류는 영생할 수 있을까? 이것은 윤리, 도덕 등 인류 사회의 여러 면에 영향을 미치므로 인류의 유전자를 변화시키는 것보다 더 많은 고민이 필요한 문제다.

부 록

실험으로
양자역학
이해하기

<u>실험 1</u>

빛의 간섭

실험 도구:

평행으로 된 두 줄의
틈이 있는 나무판

손전등

실험 순서:

❶ 나무판을 밀폐된 방의 탁자 위에
고정한다.

❷ 손전등을 켜고 빛을 나무판의
두 평행 틈에 맞춘다.

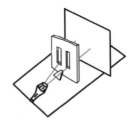

❸ 방 안의 전등을 끄면 나무판 뒤의
벽에 여러 개의 간섭무늬가 있는 것을
볼 수 있다. 구체적인 효과는
다음 그림과 같다.

실험 2

레이저로 풍선 터뜨리기 1

실험 도구:

큰 흰색 풍선	작은 검은색 풍선	주파수와 출력을 조절할 수 있는 레이저

실험 순서:

❶ 검은색 풍선을 흰색 풍선 안에 넣고 함께 분다. 풍선을 잘 묶어 탁자 위에 고정한다.

❷ 레이저의 주파수와 출력을 적절하게 조절한 후 레이저를 방출하여 두 개의 풍선에 쏜다. 안쪽에 있는 검은색 풍선은 터지고 바깥쪽의 흰색 풍선은 터지지 않는 것을 볼 수 있다.

실험 3

레이저로 풍선 터뜨리기 2

실험 도구:

검은 풍선
100개

0.5와트 출력의
레이저

실험 순서:

❶ 검은색 풍선 100개를 불어 잘 묶은 후 일렬로 고정한다.

❷ 레이저를 켜고 방출하는 레이저를 이 풍선에 쏜다. 검은색 풍선이
차례로 터지는 것을 볼 수 있다.

후후후

실험 4

플랑크상수 측정

실험 도구:

붉은 발광   3볼트 전지팩   스위치   슬라이드 저항
다이오드

전압계   약간의 전선

실험 순서:

1 다음의 회로도에 따라 회로를 연결한다.
S1은 스위치를, R1은 슬라이드 저항,
L1은 발광 다이오드를 의미한다.
맨 왼쪽 그림은 전지팩을,
맨 오른쪽 그림은 전압계를 의미한다.

2 스위치 S1을 닫고 슬라이드 저항 R1을
조절하여 전압계가 0을
가리키도록 한다.

3 회로를 어두운 방으로 옮긴 후 천천히 슬라이드
저항을 조절하여 전압계의 눈금이 점점 올라가도록
한다. 발광 다이오드에 불이 들어오는 순간의
전압계 눈금을 기록한다.

플랑크상수 h는 다음의 공식을 통해 계산할 수 있다.

$$h = \frac{e\lambda U}{c}$$

$e=1.6\times10^{-19}C$, $\lambda=6.4\times10^{-7}m$, $c=3\times10^{8}m/s$ 이며,
U는 측정한 전압값이다.

에필로그

사람은 글자를 깨우치는 순간부터 걱정하기 시작한다고 한다. 여기서 걱정은 애매함 또는 호기심 등으로 바꾸어 말할 수 있겠다. 누구나 살면서 한번쯤 어떤 대상에 대해 문득 호기심이 생긴 적이 있을 것이다. 나의 호기심은 문학으로부터 비롯되었다. 더 구체적으로는 소설에서 시작되었다.

나는 지금의 아이들이 참 부럽다. 요즘 아이들은 초등학생 때부터 우리가 살아가는 이 세계의 맥락에 관심을 갖는다. 내가 초등학생이었던 시절에는 관심을 가질 만한 것이 없었다. 중학생이 되어서야 문학에 관심을 둘 수 있었다. 그것도 당시唐詩. 중국 당나라 때 시인들이 지은 시-옮긴이나 송사宋詞. 중국 송나라 사문학의 총칭-옮긴이, 아니면 그때는 흔치 않던 소설이 전부였다. 대학 입학시험이 재개되었을 당시 나는 고등학교 1학년이었는데, 수학과 물리의 기초에 있어서는 거의 백지에 가까웠다. 지금 아이들이 초등학교에 입학할 때의 수준과 거의 비슷했다. 갑자기 들이닥친 대학 입시를 앞두고 나는 어머니의 낡은 상자에서 학창 시절 어머니가 사용하셨던 교과서를 꺼내 들었다. 물체의 운동을 해석한 뉴턴의 운동법칙과 비행기의 비행을 해석한 베르누이의 방정식은 한 줄기 빛으로 미지의 세계를 밝혀주었다.

세상에 대해 아무런 호기심이 없고 질문도 하지 않는 사람은 '세상의 만물은 원래 그런 것이지. 굳이 묻고 이해할 필요가 있겠어?'라고 말할지도 모른다. 하지만 일단 생각의 문이 열렸다면 이제 생각의 고리는 걷잡을 수 없이 이어지게 된다. 내가 그랬다. 베이징 대학의 천체물리학과에 진학한 후에도 지식에 대한 갈증은 해소되지 않았다. 더 많은 것을 알고자 했다. 중국과학기술대학에서 석사학위를 받고 이후 유학을 가게 되었다.

유학을 떠나 수십 편의 물리학 논문을 발표하고 중국으로 돌아왔다. 그리고 과학 보급 분야에서 연구하던 중 내가 연구한 것을 다른 사람들에게 들려주면 재미있겠다는 생각이 들었다. 처음에는 과학이라는 전공 배경을 벗어나기 어려웠다. 어려운 전문 용어를 사용해 전문적인 이야기를 늘어놓고는 했다. 그때 나의 책『초현사화超弦史話』가 나오게 되었다.

　과학 보급에 몸담으면서 나는 대부분의 시간을 연구하는 데 보냈다. 영문으로 발표한「홀로그래피 암흑에너지 모형A model of holographic dark energy」도 나의 작품이다. 이 논문과 후속 논문으로 나는 본래 내가 속했던 분야에서도 인정받을 수 있었다. 3년 전 새로운 대학원 개설과 함께 중산대학에 오면서 나는 과학 관리로 방향을 바꾸었고, 대학생들에게 '인간과 우주의 물리학'이라는 과목을 강의하기 시작했다. 강의는 이야기를 들려주는 방식으로 진행했다. 일상 속 눈앞에서 발생하는, 혹은 먼 곳에서 발생하는 불가사의한 이야기를 들려주는 이 과목은 중산대학에서 큰 인기를 끌어 3년 동안 연속으로 강의했는데도 학생들이 계속해서 강의해줄 것을 요청했다. 그러는 사이 나는『삼체 속의 물리학三体中的物理学』이라는 책을 출판했다. 이 책은 작년 말부터 올해 초까지 10개가 넘는 상을 받았고, 2015년 중국의 좋은 책에 선정되었으며, 유명 과학상인 우다요우吳大猷상도 수상했다.

　총 4강으로 이루어진『세상에서 가장 쉬운 양자역학 수업給孩子講量子力學』을 통해 이야기하는 방식으로 물리학을 설명했다. 나는 이 강의를 하면서 대학생뿐만 아니라 어린 아이들에게도 물리학을 들려줄 수 있음을 알게 되었다. 강의의 반응은 뜨거웠다. 수강생들의 적극적인 수업 참여로 채팅방이 너무 비좁게 느껴질 정도였다. 마지막 강의가 끝날 때쯤이면 아이부터 학부모에 이르는 모든 사람이 몹시 아쉬워했다.

나는 다시 한번 다짐하게 되었다. 물체가 왜 무너지지 않는지, 꽃이 왜 붉은지, 컴퓨터는 어떻게 작동하는지 언뜻 보아서는 양자역학으로 해석해야 할 것 같은 심오한 질문들을 아이들이 이해할 수 있는 이야기로 풀어내며 500명의 아이들에게 국한하지 않고, 더 많은 사람들이 알게 해야겠다고 말이다. 이로써 『세상에서 가장 쉬운 양자역학 수업』의 출판을 마음먹게 되었다.

나는 요즘 과학계의 인터넷 스타라는 별명을 얻었다. 하지만 내 꿈은 인터넷 스타가 아니라, 더 많은 이들과 과학 지식을 공유하는 것이다. 지금은 지식을 공유하기 좋은 시대다. 지식을 누구나 이해할 수 있는 이야기로, 누구나 볼 수 있는 책으로 펼쳐낼 수 있다. 이것이 바로 내가 추구하는 바다. 이 책이 그러한 내 목적을 이루어주길 바란다. 또한 앞으로 출간될 나의 책들이 과학도를 꿈꾸는 이들, 그리고 과학을 알고자 하는 이들에게 길이 되었으면 한다.

옮긴이 고보혜

숙명여대 중문과를 졸업하고, 서울외대 통역대학원 한중과를 졸업했다. ICOM 세계 박물관 대회, 한중일 포럼 통역 등 활발하게 활동하고 있다. 현재 번역 에이전시 엔터스코리아에서 출판기획 및 중국어 전문 번역가로 활동 중이다. 옮긴 책으로는 『13가지 질문에 대한 과학적 해답』『빌 게이츠의 인생수업』『인생 실험실』『초등 논술, 일기로 끝내라』 등이 있다.

사진판권

40쪽 ⓒ🅯🄽🄾 Bundesarchiv
107쪽(맨 왼쪽) ⓒ🅯 Chuck Painter(Stanford News Service)
153쪽 ⓒ🅯🄽🄾 Festival della Scienza

퍼블릭 도메인은 따로 표기하지 않았습니다.